康养

园宅

yuanzhai

中国古典私园的当代表象

李映彤 著

中国电力出版社

## 内 容 提 要

环境空间是由"虚"的关系和"实"的形式共同构成的客观存在，这一定义从认识论的高度阐明了空间的本体意义，为环境设计的工作范畴厘清了边界。就"康养园宅"这一古典私园的当代表象而言，"康养"是内在动力，打造以"回归自然、修身养性、康体疗养"为生活目标的一种新生活方式；"园宅"是实体形式，把古典园林的审美之道纳入其中，人，不再是走出建筑进入自然环境，而是居住在园宅之中，充分感受纳入宅内的自然要素，体味自然。

本书分为五章，第一章空间虚实论，第二章康养园宅的概念，第三章康养园宅的传统园林知识，第四章康养园宅与自然环境，第五章康养园宅设计。

本书可供乡村振兴策划师和建筑、景观设计师等参考使用。

**图书在版编目（CIP）数据**

康养园宅 / 李映彤著 . — 北京：中国电力出版社，2023.3

ISBN 978-7-5198-7406-3

Ⅰ . ①康… Ⅱ . ①李… Ⅲ . ①私家园林—园林艺术—研究—中国 Ⅳ . ① TU986.5

中国版本图书馆 CIP 数据核字（2022）第 248465 号

---

出版发行：中国电力出版社
地　　址：北京市东城区北京站西街 19 号（邮政编码 100005）
网　　址：http：//www.cepp.sgcc.com.cn
责任编辑：乐　苑（010–63412380）
责任校对：黄　蓓　王海南
装帧设计：王红柳
责任印制：杨晓东

---

印　　刷：北京瑞禾彩色印刷有限公司
版　　次：2023 年 3 月第一版
印　　次：2023 年 3 月北京第一次印刷
开　　本：710 毫米 × 1000 毫米　12 开本
印　　张：12.5
字　　数：202 千字
定　　价：78.00 元

---

# 序

　　吃穿住，人类物质生活三大件，住（居室）排第三。它们都有精神性，但吃、穿的精神性有限，还是有上限的，然而住没有上限。三大件中，住的精神性最多。想想唐朝的刘禹锡，住的是陋室，品的是"德馨"。陋室不乏自然美："苔痕上阶绿，草色入帘青"。但最多的是人文美："谈笑有鸿儒，往来无白丁，可以调素琴，阅金经"。当然，陋室中的建筑、家具简陋了一些，刘禹锡也未必满意，只是没有这个条件罢了。

　　我们今天讲究居住必须兼顾物质上的舒适、精神上的自由这两个方面。在空间寸土寸金的当代，如何在可能的条件下，让居住实现物质上的舒适和精神上的自由是大家最感兴趣的。李映彤研究居住美学多年并首提"园宅"概念，早在十年前就出版了《园宅》一书。我给此书写过序，充分肯定"园宅"这一概念独创性的价值。又经十年的研究，李映彤写出第二本书，名为《康养园宅》。俗话说"士别三日，当刮目相看"。浏览李映彤的这本《康养园宅》，确实较前书上了一个很大的台阶。它从空间哲学的高度论园宅空间的"实"与"虚"，又从环境美学深度谈园宅中的自然美、人文美。纵论自如，笔致灿然。当然最值得称道的是它将园宅与中国传统的园林联系起来，实际上是在论述中国古代园林的当代转化或者说当代发展。读他的书，我的头脑中不时掠过计成《园冶》中的名句："涉门成趣，得景随形""村庄眺野，城市便家""相地合宜，构园得体"；也自然浮出文震亨《长物志·室庐第一》中的画面："雨渍苔生，绿褥可爱""门庭雅洁，室庐为靓""绿窗分映""粉壁为佳"。也许，于设计师来说，可能最有参考价值的是本书中关于宅院景观的种种具体设计，而我最感兴趣是书中丰富的插图，称得上美轮美奂，这些图所摄对象很多是他的作品！

　　关于《康养园宅》我要说的主要是这些。这里我想申述我的一个观点："生态乐居"。乐居是环境审美的基本观点。环境不是用来赏的，而是用来居的，在居中赏，在赏中乐。这是环境审美的本质特点。在生态文明背景下，"乐居"概念前要加上"生态"二字。"生态乐居"意味着所居环境生态性质很好。所谓生态性质很好不是树多就好。如果这些树全是人工栽的，又不是当地品种，哪怕引进北欧的雪松、印度的菩提也不值得肯定，因为是非生态的，哪怕它还活了。生态好关键不在绿色植物多，也不在开了沟，挖了湖，而在于是否保护好了环境的原生态。原生态就是荒野。原生态是本，人工景观哪怕是人工自然景观都是末。我们只能护本添末，不能舍本逐末。换一个漂亮的说法：只能锦上添花，"锦"是原生态。映彤这本书体现了我这一观点。从保护生态这一基本立场出发，我倒是认为刘禹锡的《陋室铭》中的陋室具有某种生态象征的意义，它给我们的启发的不只是陋室主人的高洁，还有生态环境的纯净与美好。

　　是为序。

2022 年 8 月 18 日于武大天籁书室

陈望衡

# 前言

# 环境空间本体——康养园宅的形式与内容

我国的环境设计专业是由室内设计专业发展而来的，曾经叫做环境艺术设计（Environment and Art Design），从属于艺术学。随着市场需求的发展，专业不断细分，如今的环境设计专业已经涵盖了环境研究的各个方面，成为一门交叉学科，涉及建筑设计、园林设计、景观设计等各领域，现实和虚拟的空间都成为环境设计专业的研究方向。

2003 年，尹定邦教授在《设计学概论》一书中使用了"环境设计"这个概念，指出环境设计是对人类生存空间进行的设计。也就是说，"环境设计"是"空间设计"，这就需要我们认真思考一个基本的概念问题——什么是空间？

让我们来分析这个问题：

从语言学的角度来看，一个设问必然意味着有对应它的答案。然而事情并非这么简单，照这个思路进行下去会越来越复杂，就像当你被问及"我是谁？""我在哪？""干什么？"亦或是"人是什么？"之类的话题，答案永无止境。就是一个"哈姆雷特"都会有无穷无尽的理解。那么，这些答案是否就是我们所要的？或许我们真正想问的应该是：人应该如何看待空间？

## 一、空间本体及其时间边界

如何定义与解读"空间"是环境艺术设计面临的重要问题。对二者的解释一方面可以界定环境艺术设计行为的壳，另一方面可以帮助分析推动现象形成的内容。

从本体<sup>①</sup>的意义而言，空间和物质是同一概念的两种表达，任何人和事物均可被视为一个空间来看待，并且空间是多元的。对每一个具体的三维空间而言，空间就是由各种可见物质构成的具体界面所围合成的"实"体形式和促成这些界面形成的"虚"的功能需求关系所共同构成的客观存在，是内在外化的结果。

将时间从时空概念中剥离出来，明确其主观性，将他和尺度一样设定为空间的"伴生矿"，尺度是操作空间"实"体界面的标准，为狭义空间的边界；时间是评价空间"虚"的功能关系及内在驱动力的依据，为广义空间的边界，这样更有助于对空间本体的评价，使我们探索空间本质和意义的工作变得清晰和纯粹。

环境设计在视觉上是研究空间形式的问题，但从内容层面上思考，环境设计的意义是探索人如何基于客观存在的自然环境，重新构成自然、人、社会之间关系的问题，从这个意义上理解，环境设计是重新设计"自然、人、社会"关系的过程。而对于这"虚"的设计的解读与评判标准就是"时间"。

## 二、"园宅"概念

2014 年我出版了《园宅》一书，正式提出了"园宅"概念。

出书前，这个概念孕育了 10 余年，最初的缘起是：课堂教授的"园林设计"课程成了园林鉴赏课；现实空间中保留的古典园林，被贴上博物馆的标签，成了游客的打卡地。传统园林这一承载中华传统文化的综合载体，成为一具仅仅以形式存在的空壳，完全脱离了现实生活，失去了其原本应具备的内容。

那么，我们需要园林这种居住空间吗？抛开"族居"这一传统社会聚居形式及园林的文化符号之外，中国传统园林最深处的存在意义究竟是什么？

周维权先生在《中国古典园林史》绪论中写道——园林乃是为了补偿人们与大自然环境相对隔离而人为创设的"第二自然"。它们并不能提供人们维持生命活力的物质，但在一定程度上能够代替大自然环境来满足人们的生理方面和心理方面的各种需求。随着社会的不断发展、文明的不断进步，人们的这些需求势必相应地从单一到多样、从简单到繁复、从低级到高级，这就形成了园林发展最基本的推动力量<sup>②</sup>。这一定义充分道出了中国传统园林这一空间形式生命力的存在本质，对自然的追求和体悟是成就中华民族文化气质的根，也是传统园林内在的生命源泉，在自然中居住生活，是催生园林这一综合艺术形式的原动力。

---

① "本体"是中国哲学的中心概念，兼含了"本"的思想与"体"的思想。"本"是根源，是时间性，是内在性；"体"是整体，是体系，是空间性，是外在性。潘德荣、陈望衡主编，《本体与诠释（第 6 辑）——美学研究与诠释》，上海人民出版社，2007 年版，第4 页。

② 周维权：《中国古典园林史》，清华大学出版社，1999 年版，第 1 页。

所以传统园林这一综合艺术形式应该与时俱进，以符合当下的建造手段和功能需求获得重生。"纳园入宅"就是一种新的诠释，简称"园宅"。希望这一空间形式同频中国造园艺术以追求自然精神为最终和最高目标的这一标准，成为中国古典私园的当代表象。

### 三、"康养园宅"的定义

"十四五"时期，是我国乘势而上开启全面建设社会主义现代化国家新征程、向第二个百年奋斗目标进军的第一个五年。民族要复兴，乡村必振兴。全面建设社会主义现代化国家，实现中华民族伟大复兴，最艰巨最繁重的任务依然在农村，最广泛最深厚的基础依然在农村。探索发现城乡桥接的新美学载体，对未来新型城乡关系的构建有着积极的意义。

2021 年中央一号文件题为《关于全面推进乡村振兴加快农业农村现代化的意见》，主要突出了两大主题：一是乡村振兴；二是农业农村现代化。

国家对乡村振兴的总要求是"产业兴旺、生态宜居、乡风文明、治理有效、生活富裕"。其中，生态宜居，不只是乡村留守老人的需求，是未来城乡人共同的需求；乡风文明，不只是传统的乡貌、乡风、乡俗、乡情、乡礼、乡仪，还有现代文明的融入以及乡品、乡居，是现代文明与乡土传统的城乡融合、文化融合、一二三产融合。

2019 年，我在教育部人文社会科学规划基金研究项目："基于乡村振兴战略的长江上游山地乡村康养园宅设计与服务研究"[①] 中正式提出了"康养园宅"一词，这个合成词清晰地表明了这一概念的态度：其空间的实体形式是"园宅"——中国古典私园的当代表象；推动这一空间的内在动力是设计一种新的城乡桥接的"康养"生活。具体而言，就是将康体养生内容带入田园农村，在健康养老领域（包括智慧养老、生态养老、旅居养老、游学养老等）的多种形式养老服务环境设计方面，积极创新商业模式，以创新推动产业发展，同时通过创新，让这种新型居住空间，真正融入康体养生产业中。打造以乡村田园为生活空间，以农作、农事、农活为生活内容，以回归自然、修身养性、康体疗养为生活目标的一种新生活休闲方式样本。

---

① 教育部人文社科规划基金项目（批准号：19YJA760032）。

# 目录

# 第一章

# 空间虚实论

# 第一节
## "空间即物质"及其客观存在性

从事建筑设计工作的人几乎都相信——"所有的故事都是在空间里发生的"（图 1-1-1）。就如康德所说："我们永远不能想象空间不存在，但完全可以设想没有对象的空间。因此必须认为，空间是现象可能性的条件，而不是依存于现象的某种规定。"[1]康德强调空间不是从感知外物的经验中抽取出来的，认为只要感知外面的对象便已有了空间表象，提出了"时空是人类感性直观形式"的看法。但他进一步强调，经验对象依赖空间而被感知，空间却不须依赖于任何经验对象[2]。所以，可以设想有空间而空无一物，却不能设想有事物而没有空间，即先有空间后有物质。然而，略晚于康德的恩格斯则认为："一切存在的基本形式是空间和时间。"[3]另一种被广泛普及的空间定义是："空间是物质存在的一种特殊形式。"也就是说，物质存在是大环境，而空间只是其中的一种，尽管有其特殊性。

002

图 1-1-1　空间

图 1-1-2　先有蛋还是先有鸡

---

①、②李泽厚：《批判哲学的批判—康德述评》，天津社会科学出版社，2003 年版，第 89、90 页。
③ 《马克思恩格斯选集》：第三卷《反杜林论》，第 91 页。

由此，关于空间和物质的话题又回到了那个关于"先有蛋还是先有鸡？"（图 1-1-2）的哲学议题上，那么，我们该信谁呢？哪里才是我们观看世界的足点呢？对故事的阐述应该从何开始？

找到一种具有本体意义的空间解读方式成为极为重要的核心问题。

汉语中"宇宙"一词的文字组合非常巧妙。"宇"即指空间，"宙"即指时间。中国古代主观唯心主义学者陆九渊少年时读古书，悟到"四方上下曰宇，古往今来曰宙"，就提笔写道："宇宙便是吾心，吾心即是宇宙。"提出了"心即理"的命题。那么陆九渊所谓的"心"是指什么呢，其实就是指"标准的源"，指以个体人作为宇宙的标准。就如他在《杂说》中所言："宇宙内事，是已分内事；已分内事，是宇宙内事。"[①]综上所述，主观唯心者所指的空间是以"人"这个空间的存在为故事起点的。

康德关于空间是先验形式的论述，同样有一个起点，那就是："没有对象的空间"，也可以理解为故事还没发生的空间，也就是肯定了空间的客观存在性。只不过这个空间的界域更宽广了，但它也是有限的，因为故事一发生，总会有开始，便有了界域。

辩证唯物主义者直接承认一切存在的基本形式是空间和时间。这里的"一切存在"指物质。那么，这个"物质"有定义吗？

罗素说："唯物主义是一个可以有许多意义的字眼，关于唯物主义究竟对或不对的激烈争论，主要是依靠避免下定义才得以持续不衰。"[②]从小到大，我们被告知"世界是物质的，物质是运动的"，也就是说，唯物主义者所说的"物质"是一个广义的物质概念，并非具体物质。这个"物质"与康德所说的空间，实际上是同一概念——就是一种"假设的即定存在"，即：故事开始的地方。如此而言，唯心与唯物关于空间之源的争议就消失了，世界的初始画面就清晰地呈现在我们的面前——世界就是唯心与唯物构成的整体。

从本体的意义上讲，空间和物质一样，就是一种"客观存在"，物质就是空间，或者说"空间即物质"。"空间"和"物质"不过是同一概念的两种表达。

一个简单的问题："我们所生存的地球，该被称为物质呢，还是空间？"

答案是显而易见的——地球（图 1-1-3）是由其实体的物质与其构成关系所共同围合而成的客观存在，它即是物质也是空间。

---

① 《中国哲学史》第 372 页。

② 《西方哲学史》第 594 页。

图 1-1-3 地球

# 第二节

# 空间的多元性

图 1-2-1 空间各元素

从古希腊哲学家毕达哥拉斯"把世界假想为原子的,把物体假想为是原子按各种不同形式排列起来而构成的分子所形成的。"[1]的话语到原子论持有者们认为:万物是由原子构成的,原子的数目是无限的[2]。说明两千多年前的西方先哲们就有了关于空间的多元化思考。这种空间论就像浪漫主义诗人雪莱所描写的那样:世界永远不断在滚动,自

_____

① 、② 《西方哲学史》第 38 页、第 61 页。

它们的开辟以至毁灭，像是河流里面的水泡，闪烁着、爆破着，终于消逝。

从以上的种种论述中，我们可以推论：先哲们能把世界归于他们所称的"原子"，那么物质又何尝不可以呢？构成物质的各元素中（图 1-2-1），又何尝不包含着另一个世界呢？

1915 年之前，空间和时间被认为是事件在其中发生的固定舞台，而它们不受发生在其中的事件的影响。即便在狭义相对论中，这也是对的。物体运动，力相互吸引并排斥，但时间和空间则完全不受影响地延伸着。空间和时间很自然地被认为无限地向前延伸。直到在广义相对论中，情况则开始相当不同了。这时，空间和时间变成了动力量：当一个物体运动时，或一个力起作用时，它影响了空间和时间的曲率；反过来，时空的结构影响了物体运动和力作用的方式。空间和时间不仅去影响，而且被发生在宇宙中的每一件事所影响。正如一个人不用空间和时间的概念不能谈宇宙的事件一样，同样，在广义相对论中。在宇宙界限之外讲空间和时间是没有意义的[1]。

今天的科学家按照两个基本的部分理论——广义相对论和量子力学来描述宇宙。但这两个理论不是相互协调的——它们不可能都对。于是当代物理开始寻求一个能将其合并在一起的理论——量子引力论，并且由以维勒金和史蒂芬·霍金为代表的科学家提出了"并行宇宙"的论述。从科学的角度，再一次把对空间的认识引向了多元化。不仅如此，对于宇宙的历史，理查德·费因曼还提出宇宙具有"多重历史"的思想，他还说："无数的路径中只有一个是最要紧的……"[2]

按照对黑洞[3]的描述：这黑洞的质量和一座山差不多，却被压作成万亿分之一英寸，亦比一个原子核的尺度还小！那么，我们可以提出设想"一粒尘埃又有什么理由不可以是一个宇宙呢！"或者说"尘埃即是空间"。任何事物和人均可被视为一个空间来看待，而空间是多元的。一滴油渍（图 1-2-2）中亦包含着无限的空间。

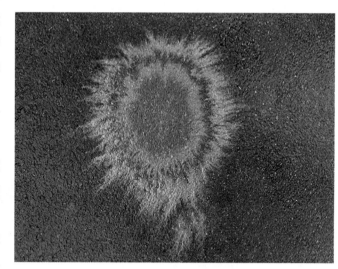

图 1-2-2　一滴油展开的形态

①、③《时间简史—从大爆炸到黑洞(10 年增订版)》第 33 页、第 76 页。

②《The Universityin A Nutshell》，2001 年，第 80~83 页。

# 第三节
# 空间是由"虚"和"实"构成的整体

空间多元，我们是否就无法认知了呢？事实上的确如此，可以肯定地说，没有一个空间我们是全知的。

现代量子宇宙学认为，整个宇宙是由有一个一个果壳状的瞬子演化而来，果壳上的量子皱纹包含着宇宙中所有结构的密码[①]。好莱坞科幻片《黑衣人 I》，在其故事的结尾有这样一段片花让人深省，随着视点的不断拉伸，曼哈顿渐渐溶入地球，地球消失于银河系，而银河系居然成为某一生物正在玩耍的弹珠。隐喻英国诗人勃莱特的一首诗："一花一世界，一沙一天国，君掌盛无边，刹那含永劫……"。谁又能读出戈壁中每一粒砂（图 1-3-1）里记录的所有故事呢。

宇宙如此，"世界究竟有多大？"的诘问就变得毫无意义。我们只知其中的部分或全不知，但有一个规律是可以被发现的。即空间和物质一样，都是客观存在。每个具体的三维空间，都是由各种可见物质构成的具体界面所围合成的"实"体形式和促成这些界面形成的"虚"的内在功能需求关系所共同构成的整体，是内在外化的结果。

任何空间都可被视为既定的

006

图 1-3-1　阳关古道的戈壁玛瑙（摄于 2019 年）

---

① 《The University in A Nutshell》第 1 页。

"客观存在"，并且无论哪个空间，都是由"虚、实"共同构成，两者并存，相互作用。叶落有乾坤，花开有四季，时间只是空间的伴生矿。空间一旦出现就有了时间，开始记录其自身发展的规律，它和尺度一样，都是人为设定的，用来解读空间故事的依据。

对于环境艺术设计的范畴而言，空间不是人创造的，设计师所做的工作，只是在客观存在的空间中，按照不同的功能需求，用材料和手段去构建不同的界面，围合出满足各种需求的具体的功能空间。这些界面就是空间"实"体现象的存在，尺度是操作这些界面的依据，而评价这个空间"虚"的功能关系及内在驱动力的依据是时间（图 1-3-2）。

图 1-3-2　美国科幻片《世界因爱而生》（World Builder）画面截屏 电影制作者布鲁斯·布兰特（Bruce Branit）

# 第四节
# 时间是广义空间的边界

关于时间，莱布尼兹认为："时、空是一种共存（空间）或连续（时间）的关系或秩序，本身并无实体存在，这关系是从经验中抽象出来，在思维中有一种理想的清晰存在。"[1] 他认为时、空不是实体，而是一种关系（本）和现象（体），我们批判莱布尼兹对空间实体的否定，但也赞赏他对时、空与感性联系的重视。

柏拉图说时间和天体总是在同一瞬间出现的。神造出了太阳，从而动物才能学习算学，若是没有日与夜的相续，可以说我们是不会想到数目的。日与夜、月与年的景象就创造出来了关于数目的知识并赋给我们以时间的概念，从而就有了哲学。这是我们所得之于视觉景象的最大的恩赐[2]。

在东方，庄子在《齐物论》中说：世界在时间上是推不出一个开始的，因为开始之前总还有一个没有开始的阶段，推上去甚至还有没有开始的阶段，所以你就没法知道世界是什么时候突然产生的[3]。它用时间的无限来否定客观物质的存在，也可以理解为空间无，则时间无。

以上这些论述中，我们分不清先哲们到底在谈空间还是在谈时间，但他们的论述中有一点是事实，那就是——他们谁都没有把空间与时间分开。

现在我们知道，世界在时间上是无限与有限的辩证统一。作为整个宇宙来讲，在时间上无始无终，亦即无限的，而作为每一个具体事物来讲，在时间上又都是有始有终，亦即有限的[4]。

从现存人类的历法中我们可以看到，人类的时间都是以相对恒定的参照物来计算的，比如古埃及人的太阳历以尼罗河的泛滥计时；现行公历以日、月运行周期计时（在中国民间有称之为阳历），中国还有一种计时历，就是以朝代计时，以某一朝代的皇帝执政开始计时，如"康熙元年"用来记录这个朝代的空间所发生的事件，由此，我们不妨将这个拥有一定空间和时间的朝代亦视为一个宇宙空间。同理，当每个人出生时便被赋予了一个时间——"岁"，它和我们的身体"空间"共同构成了一个"宇宙"，即：每个人都是一个宇宙。

宇宙由空间和时间构成，空间一旦形成，就被伴生了一个时间，换言之，无论怎样认识空间，该空间必定有

---

①  李泽厚，《批判哲学的批判一康德述评》. 天津：天津社会科学出版社，2003 年版，第 87 页。

②  《西方哲学史》，第 121 页。

③、④  《中国哲学史》，第 87 页。

一个时间与之相伴，时间是空间的伴生矿，一方面说明了时间的客观性，另一方面更明确了时间是人为设定的主观特性，为评价空间"虚"的功能关系及内在驱动力提供了依据。

时间是空间的边界，有了边界才有评判依据。对任何空间的评价，只有放到一定时间界定的空间中才能有"适合"，早了是"谎言"，晚了是"谬误"。比如有一首儿歌"小燕子"（图1-4-1）："小燕子穿花衣，年年春天来这里，我问燕子为啥来？燕子说，这里春天最美丽。小燕子，告诉你，明年这里更美丽，我们盖起了大工厂，装上了新机器，欢迎你长期住在这里。"在工业化初级阶段，这首儿歌表达的是人们对未来生活的向往，是对美好现象的期待，但是，倘若拿到后工业时代演唱就是悲哀了。

出自1957年拍摄的电影《护士日记》。电影说的是一位年轻美丽的护士，毅然离开大上海，放弃舒适的工作和医学专家男友，投身北方工业建设，最终在荒野生产一线扎根的故事。那时候中国刚刚完成了第一个五年计划，中国重工业开始发展，东北重工业基地兴起，人们干劲十足，在这种背景下出现的这部电影这首歌（百度百科）。

图1-4-1 "小燕子"

成中英在《易学本体论》中说，时间就处于产生"存在"的存在物的本质之中，也处于存在物的存在之中。时间是"存在"的本质，也是存在物的源泉，而存在物则是"存在"的载体。正是在这个意义上，海德格尔称之为"存在"的东西实际上就是道[1]，也就是构成空间"实"的形式的"虚"的规律或关系。

综上所述，明确时间的主观性，将它从空间本体中剥离出来，将它视为空间的伴生矿，用来界定广义空间的边界，有助于对空间的评价，更能够使我们探索空间本质和意义工作变得清晰和纯粹。

---

[1] 《易学本体论》第9页。

## 第五节
## 界面是构成实体空间的基本要素

人，是如何感受到空间的呢？让我们来描述一个现象："视线因为被界面阻挡，从而感知到空间的存在（图1-5-1）"。

既然空间是客观存在的，它就不是人为创造的。那么设计师的工作内容用行为来描述就是两个字："围合"。就是在客观存在的空间里，按照具体空间功能的需求，用界面去围合满足各种功能的人工空间。那么，围合一个具体的人工空间需要多少个界面呢？

我们以下列的模型来示意，（图1-5-2）从1到n个界面都可以围合一个具体的人工空间。这种都可以的现象，显然是不适宜用来描述和指导具体空间操作的。

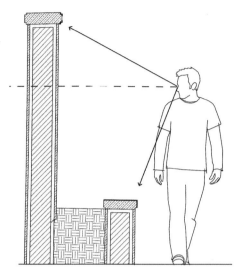

图1-5-1　视线被界面阻挡

　　1　　　　　2　　　　　3　　　　　4　　　　　5　　　　　6　　　　　7　　　　　8

图1-5-2　从1到n个界面围合的具体空间

### 一、实体空间的边界——三个界面

边界是进行作业开始，没有边界的限制，设计几乎是无从下手的，每一个项目都拥有各种各样的边界，理清各种边界的主次关系就拥有了设计的方向。

"空间即物质"，在大自然中，空间是无限的，犹如一块大蛋糕，人们所做只是用各种手段和物体去切割、围合（图1-5-3）。

围合一个具体空间，通常需要三种界面去完成，包括底界面、侧界面和顶界面（图1-5-4）。

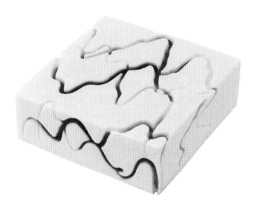

图1-5-3　韩家英"廿一客21cake"蛋糕展
作品：《山水汇》2016.9.29

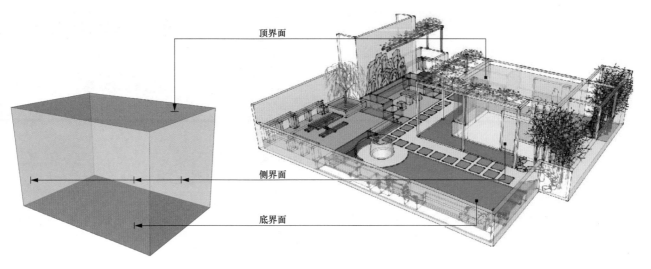

图 1-5-4  解读具体空间的三个界面

● 底界面：指大地或者用地范围内，人工建造或者处理过的地面，包括空间内部和外部的各种地面铺装。在环境设计表达的图纸中，底界面也叫平面图，主要反映空间的功能。

● 侧界面：指的是建造在底界面之上，对人的视觉产生阻挡的构造物，也称为立面图，按照方位用东、南、西、北立面图表达，按照图标用 A、B、C、D、E……立面图表达，立面的视觉因素是空间态度的主要体现。

● 顶界面：指的是覆盖在底界面上方，对人的视觉产生阻挡的界面，主要指人工建造物，也可以将有意规划的大自然中星空、云彩、树冠等视觉因素也可以纳入顶界面设计的范畴。

用这三个界面，可以描述任何实体空间。

## 二、实体空间的分类及定义

分类的前提首先要设定标准。传统意义上，我们以建筑为标准把空间分成内部空间和外部空间，建筑内部空间的设计称为室内设计，建筑外部空间的设计称为景观设计。

当我们明确了空间本体的意义，了解了实体空间莫过于底界面、侧界面、顶界面三个界面的围合之后，就可以根据这个理论把内部空间和外部空间的概念重新定义出来：

● 外部空间：只有底界面的空间。比如：大地、海洋、草原、戈壁、马路、广场等（图 1-5-5）。

● 内部空间：底界面、顶、侧界面都具备的空间。比如：建筑室内等（图 1-5-6）。

图 1-5-5　外部空间

图 1-5-6　内部空间

● 半内部或半外部空间：当我们明确了内、外空间的所指，那些内外不分，交织在一起的空间，或者缺失、省去某些界面的综合空间就变得很容易理解了，比如：传统中式园林中将室外风景引入室内的空间；亭子、游廊的底界面、顶界面清晰，侧界面模糊等（图 1-5-7）。

图 1-5-7　半内部或半外部空间（予舍予筑·上海）

# 第六节
# 尺度是实体空间界面操作的依据

尺度，是空间整体与局部、局部与局部以及空间与人行为关系的度量，是人们对空间界面进行描述的手段，是解读实体空间的依据。

1968 年，查尔斯和雷·埃姆斯事务所（The Office of Charles and Ray Eames）制作了一部长十分钟的纪录片，名为《十的力量（Power of Ten）》。这部电影（以及与之同名的书）举例说明了在不同尺度上宇宙看起来像什么样子，它为我们提供了一系列带边框的画面，画面的中心是芝加哥一处沿湖滨分布的野餐点。每个带边框的画面都是前一个小边框尺寸的十倍。制片人的目的是为了举例说明我们所了解的科学知识的范围，以及说明在不同尺度下显示出来的图案之间的相互关系。

这部电影所表述的尺度概念，对景观设计学（Landscape Architecture）来说至关重要。我们的工作趋向于只集中在这部电影所展示的尺度的一部分：主要在 1m×1m 和 100km×100km 之间。但是，景观设计师（Landscape Architect）必须考虑这些尺度之间的相互关系，以及大尺度和小尺度之间的相互关系[1]。

在尼古拉斯·T·丹斯和凯尔·D·布朗的《景观设计师简易手册》一书中，他把景观设计的尺度划分为三类。

● 社区和区域尺度

这种尺度主要集中在土地利用、景观规划、生态栖息地和暴雨管理、交通以及可能会跨越地方行政边界的基础设施规划等项目中。通过那些可以用来界定空间界线的物体，如重要的结点、地标、道路和边界，以及那些自然特征，如地形、植被和气候等，"区域感"才会被人们所接受。在区域尺度上，通常使用地图分析，产生一系列对总体目标有助的尺度方案。概念化比较灵活，方针政策比较宽松（图 1-6-1）。

● 场所和邻里尺度

这种尺度与大多数土地利用和设计开发项目有关。特定的土地利用类型（住宅、运动场、停车场等）、行人和机动车环路的设计标准是该尺度的关注焦点。为了理解邻里尺度，特别需要了解行人和机动车运动所产生的一系列后果（图 1-6-2）。

---

① 尼古拉斯·T·丹斯和凯尔·D·布朗，麦格劳·希尔图书公司（McGraw-Hill），《景观设计师简易手册》。

## ●细部和空间尺度

这种尺度包括细部构造和花园设计。它们显示出设计师细致的艺术表现手法和施工人员技艺的精湛。而其使用者对空间的围合程度、色彩、照明、气味以及有组织的细部特征（长椅、桌子、艺术品、标志牌等）的样式也非常清楚。空间进深则被聚焦在前景要素上。任何景观设计项目，不论其总体规模如何，只要它最后被建成，就不可避免地要考虑尺度。在细部设计尺度上，概念方案通常转变为实际建造，要求更高的精确度，并体现在施工图中（图 1-6-3）。

图 1-6-1　区域尺度

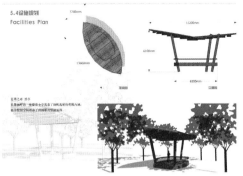

图 1-6-2　邻里尺度

图 1-6-3　细部设计尺度

**常用的图纸比例**[①]

| 图纸类型 | 米制 | 比例 |
| --- | --- | --- |
| 细部尺度 | 1m×1m | |
| 施工详图 | | 1:5　1:10　1:20 |
| 空间尺度 | 10m×10m | |
| 设计布局 | | 1:50　1:100　1:200 |
| 场所尺度 | 100m×100m | |
| 场地工程布局 | | 1:500 |
| 邻里尺度 | 1km×1km | |
| 设计总平面 | | 1:1000　1:2000 |
| 社区尺度 | 10km×10km | |
| 景观规划 | | 1:10000 |
| 区域尺度 | 100km×100km | |
| 区域规划 | | 1:50000 |

　　尺度是空间的伴生，具有其客观性。就界面操作的尺度而言，尺度是人为设定的标准，日常用的公制长度单位有：毫米、厘米、分米、米、千米等。

---

① 图表参考：尼古拉斯·T·丹斯和凯尔·D·布朗《景观设计师简易手册》。

## 一、大自然的尺度

对于大自然而言，尺度是空间的伴生，有其系统的关联性。约翰·凯尔（John Tillman Lyle）在他的《人类生态系统设计（Design for Human Ecosystems）》一书中写道："像人一样，景观极少孤立存在。每个景观都和其他景观联系在一起，共同处在整个地球的相互依存的网络之中。事物总是相互联系的，所以我们在设计任何尺度的景观时，为了洞悉这种关系网络并避免破坏关键要素，有时可能是为了创造出新的关系网络，需要把该景观放在更大尺度的景观中加以考虑。"

不同尺度呈现的景观反映了生态过程、文化过程和经济过程所形成的关系网络。设计师在进行设计工作的工程中，要根据不同尺度的景观现象去分析和判断场地生态、文化和经济的状况，提出概念化的解决方案，预判可能带来后果和意料外的可能发生的情况，为具体设计工作的开展提供可行性依据。

## 二、人的尺度

人体蕴含了完美的尺度和比例，公元1世纪初的罗马工程师马可·维特鲁威（Marcus Vitruvius Pollio）在其《建筑十书》中谈到了把人体的自然比例应用到建筑的丈量上，并总结出了人体结构的比例规律。文艺复兴巨匠达·芬奇在1485年前后为此书写了一部评论并作了插图——《维特鲁威人》（图1-6-4）。

对于人工围合的具体空间而言，所有的尺度都与人的功能需求息息相关。以人的尺度为标准，参照人的视点和对象的视线关系，把观察对象解读为具体的"物质"现象或者是客观的"空间"存在，即：当视点在对象外部时为物质形式，视点在对象内部时为空间形式。如：自行车头盔与扎哈·哈迪德建筑事务设计的2020年东京奥运会主场馆方案（图1-6-5）。

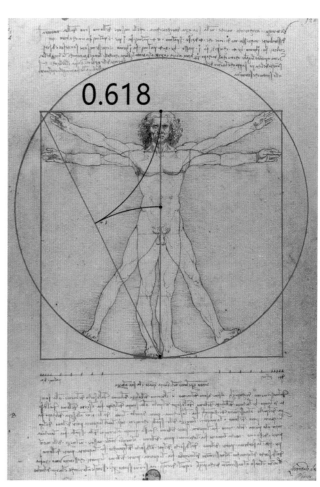

图1-6-4 《维特鲁威人》13.5英寸×9.5英寸，现藏于威尼斯的学院美术馆

015

图 1-6-5　头盔与场馆

### 三、人与空间的关系

设计师在围合人工环境时，要做到人与自然环境的共生与协调，就需要理清空间构成元素的各种形式带给人们的感官感受。

- **感官与空间**

正常人的感受空间的主要感官——视觉、触觉、嗅觉、听觉。

- **空间元素**

每个事物都由各种元素构成，空间也不例外，分析空间构成的各元素，找到各元素语意，有助于设计目标的表达。空间元素通常从面积、高度、形态和比例四个方面去分析（图 1-6-6）。

面积，大：敞开、舒畅；　　　太大：冷漠、自感渺小。（政治性、理念性空间）

　　　　小：亲切；　　　　　　太小：压抑、堵闷。

高度，高：开阔、敞亮；疏远、阳森、恐怖。（古堡）低：紧凑、压抑。

形态，窄而高：向上；低而宽：侧向广延；矩形：方向感不强、稳定，相对静态，适宜滞留；（如卧室、书房、办公、会议）折线形：根据平、立面各造型不同，宜作娱乐场所；圆拱形：向心性，给人以收缩、安全、集中感，用于特殊娱乐或艺术性较强的环境（天坛）。

比例，心理学家吉布森说："在知觉中真正恒定的东西不是大小，而是比例。"绝对高度：以人为对比物；相对高度：高度与面积的比例关系。

另外色彩、线条、图案、照明，都是改善空间印象的手段。

图 1-6-6　面积、高度、形态和比例

# 第七节
# 理念是构成实体空间的内在动力

　　所有的设计方案都有无数种可能，从技术层面而言，任何一个切入点都可以是设计的开始。比如建筑设计，从古罗马建筑师维特鲁威提出的建筑三原则：坚固、实用、美观，到 20 世纪延伸出的建筑设计结构论、功能论、形式论。从任何一个系统介入，都可以设计建筑，都将围合出新的人工空间；从创意层面而言，经过创意的过程形成设计概念，以概念作为指导创作作业的指针，亦能诞生全新的空间形式（图 1-7-1）。

　　那么，创意如何把握呢？这就需要理念。苏格拉底说，没有理念，心灵便没有可以依据的东西，因此便摧毁了推理过程[①]。理念是引导创意的方向，创意是形成概念的过程，概念是指导作业的指针。

**乡村振兴设计扶贫鸡舍改造成果。**
**设计师：李映彤**

018

改造前的鸡舍

图 1-7-1　攀登鸡舍 2020 年湖北省红安县楼子石村

---

① 　[英] 罗素著，何光武、李约瑟、马元德译，商务印书馆，《西方哲学史》2005 年版，第 109 页。

就"康养园宅"而言，园宅是"康养园宅"的实体形式："园宅"的审美标准和古典私园一致，继承了以自然为审美标准的中国传统文化；遵循并发展了中国古典私园的布局方法；延续了园林乃是为了补偿人们与大自然环境相对隔离而人为创设的"第二自然"的功能，是用当代建筑的新功能、新结构、新形式等建筑语汇构成的情景交融的高品质住宅建筑产品（图1-7-2）。

康养是"康养园宅"的内在动力：顺应乡村振兴国家战略，按照乡村振兴"产业兴旺、生态宜居、乡风文明、治理有效、生活富裕"的总要求，将康体养生内容带入田园，开拓休闲农业发展的新途径，打造以乡村田园为生活空间，以"农事、农活、农作体验"为生活内容，以"回归自然、修身养性、康体疗养"为生活目标的一种新生活休闲方式样本。

"康养园宅"是在传承中国古典园林优秀传统文化基础上，融合现代居住观念的创新，也是乡村振兴，城乡融合发展趋势背景下，一种新的城乡桥接美学载体。

**图 1-7-2　顺德某村舍改造**
设计师：严军

# 第二章

# 康养园宅的概念

空间是容纳生活的。对城市生活的向往，使越来越多的人流入城市，而城市人口的不断增加，迫使城市住宅需求急剧提高，在存量用地越来越少的情况下，高层住宅逐步替代了平房和里弄，成为城市居住空间的主流，尽管在这类小区的设计开发和建设中强化了景观设计，但不得不承认，真实的自然离我们越来越远。

如何通过环境设计，构建健康的新型城乡关系？同济大学娄永琪教授通过在上海崇明仙桥村发起的城乡桥接实验——"设计丰收"（图 2-0-1）给出了方向："农村和城市的生活方式各有其优劣，真正的挑战不是如何在这两者之间做出取舍，而是如何发现并释放两者的长处，找到一种平行的发展方式，在城市吸纳更多农村居民的同时，通过改善农村的生活条件和增加农村生活方式的吸引力来吸引城市人群体验农村生活。这种做法将会促进农村和城市之间的互动和交流，使两者之间的潜力和优势结合起来，相互配合，产生协同效应，使城市和农村生活质量之间的差距得以缩小，而两者生活方式之间的差异得以维持的理想前景。"[1]

将农村广阔天地的自然之美引入具有康养意味的居住空间，是探索"康养园宅"这一新型景观居住产品的重要意义。

---

[1] 娄永琪《DESIGN Harvests》，2007 年版，第 44 页，陆焰校译。

图 2-0-1　设计丰收：一场针灸式的城乡桥接实验

# 第一节
## 将自然引入康养的家

大自然是人类赖以生存的大家，居住空间是每个家庭的小家，对大自然的情愫根植于我们每个人的心中，如何将大自然引入康养居住空间，首先要把握三个基本原则：

（1）自然至美原则：找寻并发现那些能够触动我们美感的自然要素，此为景。

（2）理念优先原则：明确景观居住理念，引入自然美的形式，更要引入自然美的意味，此为观。

（3）情景融合原则：将客观的景和主观的情融为一体，用适宜的尺度把握形式和空间的比例关系，此为方法。

在此原则基础上，处理好审美和生活、城市和乡村的两种关系；把握好模仿和创新的方法过程。在对大自然的感悟中，品味生活之美，将自然之道融入空间营造的点滴之中，构建出天人合一的，具有自然美意味的康养居住空间。

### 一、自然与家

"景观作为环境美的存在形式，主要由两个方面的因素构成：一是'景'，是指客观存在的各种可感知的物质因素；二是'观'，是指审美主体感受景色时的种种主观心理因素"[1]。要把大自然的美引入每个小家，首先要明确审美过程中的观念问题，对景观概念的理解，是开始审美旅途的起点，在此基础上，可以衍生出在"康养园宅"中引入大自然之美的三个基本原则：

#### （一）自然至美原则

"天地有大美而不言"[2]，庄子在两千多年前提出的观点，说明自然美有一个很重要的特性就是自然美存在的客观性，它蕴含在天地之间，不以人的意志为转移，暗含宇宙万物之道，等待人们去感知并体悟。比如孔子所说"智者乐水，仁者乐山"的观点常常被后人引为论析景观的重要理论依据。

这个比喻把大自然的山、水元素和人的内在品格、天性结合在一起，通过它们来比拟人的品行，并以此来影响社会生活的方方面面，是中国"天人合一"思想最直观的体现，也是借景抒情的典范；老子更认为，自然之

---

[1] 陈望衡《环境美学》，武汉大学出版社，2007年版，第136页。

[2] "天地有大美而不言，四时有明法而不议，万物有成理而不说。圣人者，原天地之美，达万物之理。"出自庄子《知北游》。

道左右世界但没有意志，所以在观察自然事物时，要在无成见的审视大自然中领悟自然之道，理解事物的本性。以达到超越社会制约的，归复自然的完美人生。泰山万丈碑（图2-1-1）上刻有高宗于乾隆十三年（公元1748年）登泰山时所写五言诗《咏朝阳洞》，其中有云："即景悟为学，无穷戒株守。"讲的也是这个道理。这就是说——自然美是客观存在的景，是获得景观的源泉，找寻并发现那些能够触动我们美感的自然要素，此为景。

### （二）理念优先原则

居住在景观中，是中国古代"天人合一"传统文化在居住方式上的典型态度之一，黑格尔曾经对"理念"有过这样的描述"它是一切自然生命和精神生命的无限素材与无限形式"[①]，有时候，态度和信念高于判断。明确自然至美的理念，是我们在康养居住空间中引入自然美形式要素的前提，更是品味自然美意境的先决条件，这种与自然共生的景观居住观，将引领以自然美作为主导审美思想的康养居住空间产生。

注重居住空间的自然属性，在特定环境中建造人化的自然风景，以自由的方式造就内部空间与外部空间动态交融的景观环境，在生机盎然的自然形式中体会自然之美，品味自然美的意境，从而使精神与自然共生，此为观。

### （三）情景融合原则

在中国的传统文化理念中，主客观的关系从来就是共生共存，相互依存的，没有主次的关系，也没有先后的排序；所以，首先是客观和主观的融合，其次是审美和功能的融合，康养居住空间不是农舍，其主要功能是高于基本生活需求的精神愉悦空间，除了建筑必须满足的遮风挡雨、防寒保温的功能和家庭诸种活动所需的各种功能空间之外，更要将功能需求和对自然美的追求进行高度的融合，用适宜的尺度把握自然美形式和功能空间的比例关系，不仅仅满足于物质与

（碑高20米、宽9米、字径1米）
诗文：
"回峦抱深凹，曦光每独受。
所以朝阳名，名山率常有。
是处辟云关，坦区得数亩。
结构寄幽偏，潇洒开窗牖。
历险欣就夷，稍息复进走。
即景悟为学，无穷戒株守。"
现诗刻完好。

**图2-1-1　清摩崖碑俗称万丈碑，在朝阳洞东北绝壁上，刻高宗于乾隆十三年（公元1748年）登泰山时所写五言诗《咏朝阳洞》**

024

① 黑格尔，罗素，《西方哲学史》三卷，第557页，北京：商务印书馆，2005。

技巧的华美，同时注重自然美带来的满足人内心的愉悦感，感受到人与天地之间的交融，此为方法。

## 二、生活与审美

在以上三个原则建立的基础上，把大自然的美引入康养的家，还需处理好三种关系：①审美和生活的关系；②现代文明和原始野蛮的关系；③模仿和创新的关系。在对大自然的感悟中，品味生活之美，将自然之道融入空间营造的点滴之中，构建出天人合一的，具有自然美意味的康养居住空间。

### （一）审美和生活的关系

古语讲："家和万事兴"，这个"家"，从空间上理解，指的就是"居住空间"。居住空间解决的是在一定空间范围内，如何使人居住，如何使用起来方便、舒适的问题。康养居住空间不大，涉及的科学却很多，包括心理、行为、功能、空间界面、采光、照明、通风以及人体工程学等，而且每一个问题都和人的日常起居关系密切，并将直接影响到人日后的生活。一方面空间要充分满足提供生活内容必须的物品陈放和收纳，另一方面更要为居住者的日常生活、工作、学习和交流提供必需的活动空间，运用空间构成、透视、错觉、光影、反射、色彩等原理和物质手段，将康养居住空间进行重新划分和组合，并通过室内各种物质构件的组织变化、层次变化，满足人们的各种实用性的需要，达到适用性目的。

自然美是康养居住空间艺术性的体现，它体现着主人独特的审美情趣和个性，不是简单地模仿大自然原始的形式表象，而是根据自家康养居室的大小、空间、环境、功能，以及家庭成员的性格、修养等诸多因素来考虑，在坚持自然审美观的前提下，通过对每个空间顶界面、底界面、侧界面的处理，将对自然美的追求体现出来，打造出全新的、拥有合宜尺度和自然美意味的住宅。

### （二）现代文明和原始野蛮的关系

住宅是人类生活的必要物质条件，又是社会的构成细胞——家庭存在和发展的重要基础。不同时期的住宅状况是反映人民生活水平和社会经济发展水平的一个重要标志。康养居住空间必须体现现代生活的物质、文化品位，它不是中国古代文人寄情避世的场所，不是单一地置入大自然中的山林野趣，既不适合康养居住空间的尺度，也有悖自然的大道。

体现康养生活居住文化的居住空间，实际的使用空间是非常有限的。所以，不能盲目地让大自然中的形式要素去占用生活空间，这就要求设计者对其整体空间进行精心布局，以生活为导向划分空间，使空间层次丰富，妙趣横生，增强其空间的意境之美，达到对自然美的追求，将自然移进家，移的是自然的意味，不是真的自然。同时要避免一种倾向——过于追求自然材料的原生态，过于追求自然场景的真实性，拒绝高科技。潘力勇先生在中华美学学会第九届全国美学大会的发言中说："中国人对天（本体）的界定是：当下的，恰如其分的存在"。根据空间所处的实际情况，利用借景和对景的手段，利用材料和陈设的处理，充分调动观者的主观想象力，深化空间意境，使视觉、听觉、嗅觉、触觉等感官与自然产生联系，从而在人心目中产生高于实景的境界，把人们对自然的种种感悟与空间融成一体，这才是康养园宅追求的空间意象。春夏秋冬、雨雪阴晴的变化，这些自然要素，原本就在我们身边，刺激着人们的感官，从而改变着空间境界，引发超然的精神境界 [1] 和幽微的心理情趣。

### 三、模仿与创新的关系

将大自然引入康养的家，一方面要积极地去发现大自然中体现自然之美的载体，诸如：山形、水体、植物等要素，将其引入居住空间；另一方面，更要像中国古代宅园，将自然的道纳入园中一样，看到自然秩序中天地万物生生不息，在生命轮回中显示着的各自天赋的特性。以"澄澈的心灵"去映照山川之美，"一卷代山，一勺代水"，以小见大，获得内心与"自然之道"的融合，为创新获得不尽源泉。

#### （一）仿自然意味之形

本质上来讲，要将大自然真正引入康养的家，首先要意识到：基本方法是观察自然和向自然学习，仿自然意味之形即积极地去发现大自然中体现自然之美的载体，这是向自然学习的初级表达。体现自然之美的载体主要以自然本身的自我空间营造为主——即"美"的自然环境外化在我们的康养居住空间里，自然意味的形式可以归结到界面材质与造型以及室内家具单体形式的获得。

比如艺术家 Greg Klassen 设计的茶几（图 2-1-2）：保留材料因为腐蚀而分成的个体，利用原木的纹路，用蓝色玻璃树脂使其重新合一，不改变其间自然形成的裂痕，留下属于大自然的美感。当你看着这个作品时，仿佛就在高空俯瞰大地一般，将大自然的地质外貌，将山河湖海收纳于方寸之间，构成"芥子纳须弥"的禅宗意境。

**图 2-1-2 艺术家 Greg Klassen 设计的茶几**

此外，现代科学技术的发展，植入了诸如以计算机及互联网技术为前提的数字化虚拟景观成像等条件，将大自然引入康养的家为其带来了不同以往的新形式和手段。2021 年末热议的"元宇宙"（图 2-1-3），更是开启了人们获得体悟的新的可能和途径。

① 王国维 / 著：《人间词话》卷上 p.1，北京：中华书局，2011。

026

**图 2-1-3 元宇宙**

元宇宙 (Metaverse) 是利用科技手段进行链接与创造的，与现实世界映射与交互的虚拟世界，
具备新型社会体系的数字生活空间。

## （二）创自然空间之道

创自然空间之道即看到自然秩序中天地万物生生不息，在生命轮回中显示着的各自天赋的特性，并将其之道
纳入康养的家，这是向自然学习的高级表达。具体到居住的内部空间里就是形与自然空间的关系，将自然之道
植入居住空间；使引入自然的康养的家，环境优美、宜人乐居，冬季能保持温暖，夏季能保持凉爽，充分利用
纳入空间的自然能源如太阳能、风能，减少能源的消耗，同时，又能使居住者在自信、满足的景观居住心态中
更好地享受自然，享受现代生活，对环境、社会和经济要素产生最小的负面影响，在康养居住中体现人类和自
然的连续性。

# 第二节
# 中国古代景观居住观

　　景观是由客观存在的各种可感知的物质因素——"景"和审美主体感受景色时的种种主观心理因素——"观"两个方面的因素所共同构成的。从中国汉字的构成关系上来看，"观"更是这个概念的核心和落脚点，所以"景观"也可以看作是人的主观意识形态对景色观照的结果，观景者的文化修养、审美意象和社会地位成为构成景观的第一推动力，反映在居住空间形式上，就是其景观居住观。

　　在以景观居住为审美边界的视域中，中国古代出现了四种不同的景观居住形式（图 2-2-1）：一是达官贵人营造的，既拥有自然因素，又享受人世奢华的宅第——园林；二是隐居于名山大川，安享自然的隐士居所——世外桃源；三是普通老百姓怀着对自然质朴的追求，对居住环境的房前屋后美化所形成的住所——民居；四是一些能够由心意触发，借助绘画等艺术作品和自然中显现的点点滴滴，从飞花落叶中感悟到大自然"大爱无形，大音希声"的审美意境，进入"随遇而安"人生境界的高士住宅——意所。

　　这四种居住形式，集中体现了中国古代景观居住观，是中国古代人生观对居住空间态度的直接写照，对当代中国居住形式的研发具有现实的参考意义。

## 一、园林——享受人世奢华的宅第

　　儒家提倡"济世"和"奉献"的积极人生态度，提倡"学而优则仕"，所以，中国古代的优秀人才大都会为官，形成中国特有的文人官僚阶层。他们一方面为集权社会服务，另一方面又会逃避，在城市中叠山理水，为自己营造一座私家园林，通过欣赏与冥想大自然来实现精神的超脱，达到修身养性、保持美德的目的。所以，造园的主要目的不仅仅要引入客观的自然山水要素，更是要把大自然的规律隐含其中，把那些最能触动感情的造园要素摄取到园林中来，以象征性的题材和手法反映高尚、深邃的意境，使人与自然融为一体，使参与者能够从其个人特有的经验中唤起丰富的联想，获得游赏园林的愉悦感，触景生情，达到"神与物游"的境界，进入审美的更高层次。

　　中国古代园林在选址和布局上，十分重视建筑与环境的协调和融合，讲究"师法自然"，特别强调"相地"的重要性，合宜的园址选择为园林空间的布局起到重要作用，对园址中一些特殊的自然环境要素的巧妙利用，可以调动人们心灵深处的微妙感觉，使人感悟到超脱凡尘的心灵境界，达到与自然的和谐统一。

园林在空间的处理上讲求"曲折、层次和细节"。

曲折：时间是空间的边界，体验自然需要时间的过程，园林中的"曲廊、曲桥、曲径"都是增加游历时间的方法，通过曲折来延长游历的时间，增加更多的观赏视点，带给游人想象空间，从而获得扩大空间的感受。

层次：景不藏不深，园林中的主景都是通过游览路径渐次展开的，体现了中国人讲究次序和含蓄的审美思想。在空间内部划分多重层次，或者通过设置参照物，将外部空间含纳进来，都是增加空间层次的方法。例如：苏州拙政园"别有洞天亭"处，以月洞门两道弧形边和亭的格罩来圈景、框景，层次分明，变化多端，比直接站在亭前赏景更具韵味。

细节："上帝住在细节里。"对细节的重视体现在园林空间构成要素的方方面面。例如，长廊的曲折处设小天井，内植芭蕉等植物，成为观赏点，使得廊的空间感更丰富；以断断续续的水面，来延伸视线；水中的倒影，可以出现双重景观；水中的游鱼带来多样的形式和情趣；植物随着季节的转换，叶的色彩和形状更是表现了生命的循环等，另外，通过在匾额、楹联上刻画诗词的形式参与园林意境的构成，概括出园林空间的景观特征，以文字沟通观者的视觉、听觉、嗅觉等与园林的联系，从而在观赏者心中产生高于实景的深远境界，在只言片语中调动观赏者的主观想象力，把人们对人生、宇宙的种种感悟与周围景观融成一体，深化园林空间的意境。例如，拙政园中"与谁同坐轩"，使人联想到苏轼的词："与谁同坐，清风、明月、我。"

中国古典园林"源于自然，高于自然"，是在"小空间"中体现"大自然"的建筑形式典范，是中国文人官僚阶层寄情山水，追求与自然相融的景观居住态度的充分体现。

## 二、世外桃源——隐士的居所

中国古代的隐士有两种：一种是"儒隐"，另一种是"道隐"。

"儒隐"对待居住空间的态度强调亲和自然，是入世的，积极的，因此产生了前面讲述的园林。其空间内容也多居住、待客、宴乐、听戏、琴棋、读书等世俗生活。

"道隐"既受儒家思想影响，更受道家思想影响，崇尚回归自然，主张"无为""好静""无事""无欲"。他们感悟天地万物的"道"，宣扬让天下万物优游自在、宽松舒展，不要去干扰他们的本性。他们对待居住空间的态度是出世的，既讲究"身体之居"，更讲究"心灵之居"，把自我和景看作是同等的整体，将人的物欲追求降至最低，去追求心灵的满足。

这方面的代表不得不提到一个著名的人物——陶渊明。

陶渊明生活在1500多年前的东晋——中国历史上一个思想、社会皆动荡不安的朝代。他一方面继承了儒家

"君子固穷"的君子之节，另一方面继承了道家的逍遥人格，从自然中寻找安身立命的根基，用他心，构造了一个供心灵安栖的纯美的世界。

在他著名的《桃花源记》中描述了："……忽逢桃花林，夹岸数百步，中无杂树，芳草鲜美，落英缤纷……"这样一个令人向往的世外桃源，成为人们向往的理想居所。

"世外桃源"并不是把自己封闭起来，离群索居，而是要最大程度地解放心灵，给心灵以自由，以审美的栖息地。在功能空间上保持着"书、琴、酒、菊"等的生活内容，在与朋友的交流过程中，构筑一种富于浓厚的生活气息、极富艺术精神的审美空间。

这种景观居住观使人不为身外的荣华富贵而拖累，获得一种心灵的自由，在自然、质朴的生活中品味人生快乐，在当今的居住空间体验中仍然有现实的指导意义。

### 三、民居——普通老百姓的住所

民居，根植于流传几千年的农耕文化，具有朴素的生态观，同时极富人情味和地方特色，具有丰富的文化内涵，代表着中国传统农业文明。民居建筑采用"背山面水、抱阳负阴"的择址原则，根据我国具体的地理环境和气候特点，背山可以遮挡冬天北来的寒流；面南可以迎纳夏日南来的凉风；朝阳可以获得充足的日照；近水可以取得方便的生活、灌溉用水，还有利于防火、水运交通和水产养殖。这种由该地区环境、气候特点决定建筑形式的民居，顺应自然地形而建，因地制宜，就近取材，具有冬暖夏凉、日照充足、通风隔热、防风祛湿的特性。

民居在空间设计上，始终把处理好内外空间的关系放在重要的地位。

比如：传统的四合院对外是封闭的，对内则是开敞的。庭院与周围的厅、堂、廊、室等既隔又通，实际是厅堂的延伸和扩大，不仅供人们劳作、休闲，也为内部空间与大自然沟通创造了良好的条件。

"借景"是民居中常用的重要手法，其实质就是把内部空间与外部空间联系起来。中国建筑的门窗，不仅能够采光与通风，多数还有"借景"的功能。"窗含西岭千秋雪，门泊东吴万里船"，就是关于这种功能最为精彩的写照。

民居设计推崇素雅、朴实和自然，民居中常用竹藤家具、根雕家具，装饰中有大量石雕、砖雕和不设色的木雕，界面以黑、白、灰等为主色，偏爱材料的本色和自然纹理。在装饰上：书画、匾额、楹联、雕刻等这些艺术形式反映了屋主人的人文意识和居住精神。

民居的精神层面内容十分丰富，建筑中常用"蝙蝠、鹿、鹤"图案象征"幸福、厚禄和健康长寿"；用"石榴"象征"多子多孙"；用鸳鸯象征"夫妻恩爱"；用"梅、兰、竹、菊"赞颂人崇高的情操和品行：竹有"节"，寓意人应有"气节"，梅、松耐寒，寓意人应具备不畏强暴、不怕困难的品格；还有以数字表达某种含义的：如以"十二"表示十二个月；以"二十四"表示二十四节气等。

民居建筑无论从选址、格局上，还是从形式、风格上，都受到"天人合一"朴素生态观的影响，充分体现出对"人、建筑与环境"和谐的追求，是中国古代景观居住观的普遍表象。

## 四、意所——高士住宅

随着佛教的传入，中国古代形成了儒、释、道融为一体的文化现象，出现了一大批有影响的高士。他们精通佛理，把道家"虚实相生"的意境推向极高妙的境界，认为世界万物并无客观实在性，"空"不是绝对的虚无，而是与"有"相对而生，"空"是世界的真实本相，而"有"才是虚假的幻象；同时以儒家积极的态度，主张"自觉自悟"，强调修道者可以通过自觉的顿悟来理解人生意义。

魏晋圣贤，如嵇康、阮籍等人甚至发明了"卧游"山水的方式，即以欣赏山水画代替游览。促进了山水诗、山水画的独立和发展。宗炳（公元 375 — 443 年）南朝画家，曾将游历所见景物，绘于居室之壁，自称："澄怀观道，卧以游之"，更提出了"应目会心""应目感神""神超理得"的视觉理念。

在自然秩序中，天地万物生生不息，在生命轮回中显示着各自天赋的特性。所以，高士们不拘泥于任何的住宅形式。不论是华丽堂皇的宫殿、珠光宝气的豪宅还是恬淡、宁静的田园茅屋，高士们都能安居其中。

图 2-2-1　四种不同的景观居住形式（一）

在他们心中，自然中的山川万象，是"自然之道"的体现，只要以"澄澈的心灵"去映照山川之美，就可以"一卷代山，一勺代水"，以小见大，获得内心与"自然之道"的融合。使得人对自然的审美观照中融入了强烈的抒情色彩，人与自然物在感情上十分亲和。这种深沉的宇宙观和自然观，寓无限意境于有限的景物之中，反映出中国古代人依恋自然、热爱自然，希望与自然和谐的感情，是中国古代景观居住观的"境界"体现。

中国古老的《宅经》中，把住宅及其环境描述为一个人，"宅以形势为骨体，以泉水为血脉，以土地为皮肉，以草木为毛发，以屋舍为衣服，以门户为衬带，若得如斯是俨雅，乃为上吉。"人有生命机制、物质躯体，还有情感品格，住宅同样如此。

美在于和谐，"一枝临窗的花瓶，夜夜沐浴月亮的光华"，所有组成景观的要素都是一个和谐的整体，人融入其中，是与天地的融合。

中国人的审美崇尚自然，在景观居住观中体现的不是人类和自然之间的对立，而是他们的连续性，反映在居住形式上，是"一种人性化的景观，一种自然化的人性——联系起来的连续性的建筑结构"[1]。

图 2-2-1　四种不同的景观居住形式（二）

① 〔美〕阿诺德.伯林特 (Arnold Berleant) 著,《生活在景观中》第 94 页, 湖南科学技术出版社, 2006 年 3 月。

# 第三节

# 康养园宅——中国古典私家园林的当代表象

"康养园宅"形式的审美理念源自中国古代的古典私家园林。它通过对自然式景观居住思想的传承，重新审视现代城镇家庭结构的居住方式和审美文化，对中国古典私家园林的造园要素进行解构重组，并以之置换现代建筑顶界面、底界面、侧界面、楼道、构件以及设备，在健康养老领域打造出拥有合宜尺度和美学意味的全新住宅。将康体养生内容带入田园，开拓休闲农业发展的新途径。

从古典私家园林到"康养园宅"，其根本变化是将古典私家园林的"园"纳入"宅"中，保留古典私家园林的审美意境。人们不再是走出建筑进入景观，而是居住在内外空间交融的住宅环境之中，这样不仅可以更有效地利用城镇土地资源，让人更好地享受绿色、享受生态，减少能源消耗，还能以中国古典私家园林深厚的文化底蕴提升中华民族自信心，打造适宜城乡融合的，以乡村田园为生活空间，以农作、农事、农活为生活内容，以回归自然、修身养性、康体疗养为生活目标的一种新生活休闲方式样本，为世界住宅产品增添一种新的范式。

## 一、"康养园宅"作为构筑物的定义

景观作为现代居住空间中重要的构成部分，已经渐渐成为人们选择居住空间不可或缺的因素。然而，当将景观与居住联系在一起的时候，人们要么是记起中国古代的园林，要么就是联想到拥有院落的别墅，从而进行仿制，这样的建筑再造与当下的社会性和地域性是严重脱节的。

中国传统私家园林建筑的布局是把空间的主要部分让给山、水、植物等自然要素，在《宋书·谢灵运传》中有"修营别业，傍水依山，尽幽居之美"的记载，被称为"别业"，因此占地面积极大。据记载，白居易的"履道坊宅园"是最小的私家园林，其水域面积也超过了5亩。

别墅"Cottage"一词是舶来的，指在风景区或在郊外建造的供休养的住所。国内通常把一户一栋的住宅称为别墅，这样的独立住宅在国外叫"house"，一般在城市边缘或远郊都有数平方公里范围这样的"house"社区。

以上两种居住环境的建筑空间和景观要素是基本割裂的，都是走出建筑进入自然环境，而"康养园宅"目标是将古典私家园林的"园"纳入"宅"中，打造出一种新的建筑形式，真正地实现居住在景观之中。

在国外还有一种被称为"villa"或者"Luxury house"的豪宅，如"流水别墅"（图2-3-1），设计师是现代建筑运动中的"有机建筑"流派的代表——赖特（Frank Lloyd Wright）。他认为建筑设计应当与人性和环境一致，主张设计每一个建筑，都应该根据各自特有的客观条件，形成一个理念他将这个理念由内到外，贯穿于建筑的每一个局部，构成一种开放式内部格局——房间之间互相开放、流动，空间中每一个局部都互相关联，成为整体不可分割的组成部分。他的作品显现了对大自然的欣赏，而且，他的大部分作品都受到大自然的启发，在解决如何与环境相协调的问题。

另外一名同时代的女性设计师——艾琳·格雷（Eileen Gray），为她 1929 年在法国罗克布吕讷 – 卡普马丹设计建造的房子命名为"E-1027"（图 2-3-2），用的是她与巴多维奇首字母的编码。代表的是艾琳（Elieen），10 代表的是 J（Jean），2 代表的是 B（Badovci），7 代表的是 G（Gray）。这与园林建筑命名有着异曲同工之妙。

图 2-3-1 "流水别墅"　　　　　　　　　　　　　　　　图 2-3-2 "E-1027"

这样的独立式景观住宅设计思想和手法，才与"园宅"有接近的涵义，如果用中国景观居住的审美思想去构建和体味，其中国名字应译为"园宅"。

## 二、"康养园宅"与中国古典私家园林的异质同构

"康养园宅"和古典私家园林在居住文化的审美上具有共通性，都是对自然式景观居住观的传承，在建造理念上是同构的。正如古典私家园林将大自然的道纳入园中一样，"康养园宅"更是把康养生活的道纳入其中。这种住宅建筑形式、环境优美、宜人乐居，冬季能保持温暖，夏季能保持凉爽，充分利用纳入宅内的自然能源，如太阳能、风能，减少能源的消耗，同时，又能使居住者在自信、满足的景观居住心态中更好地享受绿色，享受生活，对环境、社会和经济要素产生最小的负面影响。

就具体空间形式而言，从古典私家园林到"康养园宅"演变存在具体设计要素上的异同。

### （一）基地不同

康养园宅的基地从选址上不可能像古典私家园林那样到自然界里"相地得宜"[①]，去获得一大片含有丰富景观元素的区域。一方面，现代人不具备这种能力；另一方面，现代生活也离不开城市区域的范围，城市土地的属性和价格都决定了"康养园宅"基地面积有限。

### （二）空间功能不同

古典私园的居住形式是以中国传统族群聚居的生活方式为前提的，无论从人员结构还是家族礼仪上，都呈现出一定的规制。在多元文化背景下的现代社会，"康养园宅"秉承自然式居住文化思想，重新审视现代家庭结构的居住方式，将智慧养老、生态养老、旅居养老、游学养老等多种康养生活内容植入生活空间，给"康养园宅"的设计提供了更多的内在动力。

### （三）建筑结构、形式不同

传统古典私家园林的建筑多是木构架结构，随着现代建筑材料的发展，古典私家园林的造园要素得以解构重组，置换以现代建筑顶界面、底界面、侧界面（图 2-3-3）、楼道、构件以及设备，给"康养园宅"的结构和形式带来充分的可变因素，使打造出全新的，拥有合宜尺度和美学意味的住宅成为可能。

图 2-3-3　顶界面、底界面、侧界面

① 　余易：《风水宅典——实用建筑风水》，北京科学技术出版社。

### （四）造景细节不同

传统宅园的造景要素因当时的条件，主要以自然界存在的"山、水和花木"为主，现代建筑与景观的施工工艺和技术（图2-3-4），给"叠山、理水和花木"的营造带来了新的手段和形式。计算机及互联网技术为前提的数字化虚拟景观成像等条件，将为"康养园宅"的造景提供更加丰富的可行性。

尽管在设计要素上存在诸多的异同，但"康养园宅"在建造理念上是对自然式景观居住观的传承，在建造理念上是同源的，在审美标准上是一致的，和传统古典私园在本质上是共通的。所以，无论"康养园宅"出现何种样式，他和中国古典私园应该是异质同构[①]的。"康养园宅"会是一种人性化的空间综合体，一种自然化的生活与人性联系起来的连续性的构筑物。

图2-3-4　现代建筑与景观的施工工艺和技术（叠园宅，广州/源计划建筑事物所）

---

① 〔美〕库尔特·考夫卡，《格式塔心理学原理》，北京：北京大学出版社。

## 三、"康养园宅"的当下现实性

住宅，是居民的生活在文化品位和社会地位上的表现。环境保护是当今世界具有共识性的话题，就低碳建筑而言，我们可以从技术、经济、地域、伦理等方面进行探讨，产生各种各样的住宅形式。然而，营造什么样的住宅才是人们应该去追求的目标呢？答案是很难统一的。

中国古语讲："三分匠，七分主人"，住宅的拥有者才是真正的主导，要达成低碳的目标，最为直接的方法就是关注社会经济的主导消费人群。

根据相关预测，随着第一代独生子女父母迈入中高龄的行列，我国将在"十四五"期间迎来一波养老照护的高潮，2025年，我国60岁以上老人将达到3亿，占比为21%，65岁以上老年人比例也将达到7%~14%，接近深度老龄化社会，世界卫生组织的预测，2033年前后中国老龄人口将翻番到4亿，到2050年，中国将有35%的人口超过60岁，成为世界上老龄化最严重的国家。

针对这个庞大的消费群，开发出既能引导他们健康的审美观和消费观，同时彰显他们社会身份，又低消耗的住宅产品。"康养园宅"就是一种值得探索的低碳住宅形式。

首先，"康养园宅"的审美标准和古典私家园林一致，古典私家园林这种建筑形式在中国古代的消费对象就是"达官贵人"。他们在个人财富极大丰富的时候，将住宅的功能引向了户外，去享受一种"悠然见南山"①的高品质生活，既是自身文化品位的体现，又是社会身份的象征，"康养园宅"传承了古典私家园林的这种建造理念，是对中国传统文化的继承和发展，同时也符合康养消费人群的消费心理。

其次，"康养园宅"将古典私家园林引向户外的功能回归到建筑本身，消耗更少的用地，土地成本的极大降低，使得建造的可能性大大地提高。

第三，"康养园宅"空间行为注重与自然的互动，阳光、空气、水和植物这些自然要素通过合理的规划，与现代新材料、新工艺相结合，使此种住宅能够最大限度地亲近自然，对环境、社会和经济要素产生最小的负面影响。

家，是人心灵深处的港湾，居住空间形式是人生存意识的最佳体现。"康养园宅"核心理念是纳"园"入"宅"。其对居住的品位和理解，是把古典私园中的自然之道纳入其中，创造出环境优美，宜人乐居，健康养生的住宅空间，这种居住空间的自然性和人文性之美是不言而喻的。

---

① 陶渊明：《饮酒·结庐在人境》《饮酒二十首》第五首诗

2017 年 1 月 25 日，中共中央办公厅、国务院办公厅印发了《关于实施中华优秀传统文化传承发展工程的意见》，全面复兴传统文化成为我党治国的重大国策，意见指出：文化是民族的血脉，是人民的精神家园。文化自信是更基本、更深层、更持久的力量。中华文化独一无二的理念、智慧、气度、神韵，增添了中国人民和中华民族内心深处的自信和自豪。

中国传统园林是透视中国优秀传统文化的一扇窗，"康养园宅"是对中国古典私园当下再生与活化的探索，是具有中国特色、中国风格、中国气派的居住文化产品之一，这样的居住空间，能够对使用者的文化自觉和文化自信产生显著影响，为建设社会主义文化强国，增强国家文化软实力，实现中华民族伟大复兴的中国梦，做出贡献。

总之，"康养园宅"继承了以自然为审美标准的中国传统文化；遵循并发展了中国古典私园的布局方法；是用当代建筑的新功能、新结构、新形式等建筑语汇构成的情景交融的高品质住宅建筑产品。它既能满足社会经济的主导消费人群的居住需求，又符合低碳环保的现代建筑理念，能够引领高端景观居住建筑可持续发展的未来，有望成为中国古典私园的当代表象。

让城市人居住到农村去，带去先进的文化，体验广阔的天地，同时将农村自然的美引入具有康养意味的居住空间，为城市人和农村人找到共同的审美话题，在与大自然的对话中获得人性共通的富足，才是人居环境找寻适合于中国未来乡村振兴健康心理及表象的解决之道。

城乡融合不是城市对农村的消灭，而是两者的互动与相互影响，城市也好，农村也好，都应该以美好生活为主题，以谋求幸福和与大自然和谐共生为最高追求，这才符合自然之道。

唐代诗人兼画家王维在拥有林泉之胜的辋川山谷，因地而建的天然园林（今陕西省蓝田县西南 10 余千米处）。园林在写实的基础上更加注重写意，创造了意境深远、简约、朴素而留有余韵的园林形式，使其成为唐宋写意山水园的代表作品。

图 3-1-1　辋川别业

# 第三章

# 康养园宅中的传统园林知识

中国有关园林最早记载，始见于殷、周之际的"囿"和《诗经》所咏的"园"，都在三千年前。那时园囿是栽种果蔬、捕猎禽兽有关生活的生产单位[1]。

经历了漫长的发展过程，我国造园艺术由粗陋到精巧，由不成熟趋向于成熟，按其发展过程的特点大致可以划分成以下几个阶段。

**从周至汉**：属于萌芽期。主要是皇家苑囿，规模虽大，但基本属于圈地的性质。秦、汉时尽管也出现过人工开池、堆山活动，但造园的主旨、意趣依然很淡漠。

**魏、晋、南北朝**：可看作造园艺术的形成期。初步确立了再现自然山水的基本原则，逐步取消了狩猎、生产方面的内容，而把园林主要作为观赏艺术来对待。除皇家苑囿外，还出现了私家园林和寺庙园林。

---

[1]　童寯：《造园史纲》，中国建筑工业出版社，2012 年 11 月，第 38 页。

**隋、唐、五代**：可看作成熟期。不仅数量多、规模大、类型多样，而且从造园艺术上讲也达到了一个新的水平，由于文人直接参与造园活动（图3-1-1），从而把造园艺术与诗，画相联系，有助于在园林中创造出诗情画意的境界。

**宋**：继成熟期后首次进入高潮。不仅造园活动空前高涨，而且伴随着文学诗词，特别是绘画艺术的发展，对自然美的认识不断深化，当时出现了许多山水画的理论著作，对造园艺术产生了深远的影响。

**元**：处于滞缓状态和低潮。造园活动不多。造园实践和理论均无多大建树。

**明清**：再次达到高潮。造园活动无论在数量、规模或类型方面都达到了空前的水平，造园艺术、技术日趋精致、完善，文人、画家积极投身于造园活动。与此同时还出现了一些专业匠师。不仅是人才辈出，而且还出现了一些造园理论的著作[①]。

在中国，园林建筑和其他各类建筑是区别对待的。园林建筑所遵循的基本原则是：源于自然，高于自然，力图把人工美与自然美相结合。它所抒发的情趣可以用"诗情画意"来概括，导致传统园林在对建筑空间的认识、建筑布局手法和形成的建筑空间类型各方面有着明显的异同。

---

① 彭一刚：《中国古典园林分析》，中国建筑工业出版社，1996年3月，第3页。

# 第一节

# 中国人对园林空间的认识

中国园林的造园主体多是诗人、画家和匠人，是由他们共同创作的综合艺术体。

描写大自然的山水诗文与绘画，启迪了自然山水园林的创作，使园林具有诗情画意的艺术境界，诗书、绘画还成了园林建筑创作中的一个重要组成部分；比如，拙政园"与谁同坐轩"题字，借苏轼："与谁同坐，清风明月我"的诗句，表达出园林主人孤芳自赏的气质；唐代诗人杜甫诗句："窗含西岭千秋雪，门泊东吴万里船。"（图3-1-2）体现了古代文人身处蜗居，心却通达千秋之雪、万里之船的境界。这种诗人的心境在中国的许多园林建筑创作中成为重要的表现理念和手法。而园林创作出来的文化自然的生活场景和美的意境又反过来为诗文、绘画的创作提供了新的素材和领域，成了无数诗人、画家讴歌、描绘的对象。如《红楼梦》中第七十六回：史湘云和林黛玉"寒塘渡鹤影，冷月葬花魂。"的诗句，道出了传统园林人化自然的美学意境（图3-1-3）。

图3-1-2 "窗含西岭千秋雪，门泊东吴万里船。"

图3-1-3 "寒塘渡鹤影，冷月葬花魂。"

## 一、虚实相生

空间是由"虚"和"实"构成的整体，是内容与形式的统一，也是中国人对空间的一个重要认识。

中国传统园林和中国的绘画、书法在理念上具有共通性，以中国画的空间为例，笔墨为实，留白为虚，清初画家笪重光在他的《画筌》中说过一句很精辟的话："虚实相生，无画处皆成妙境。"一语道出了中国艺术的一条重要规律。画家用心之所在，正是在留白处，笔墨涂"黑"的同时考虑到留"白"，体现了对中国绘画空间处理的基本原则。在园林空间的处理手法上，被称为"小园典范"的苏州网师园建筑和院落的平面布局充分体现了这一特征（图3-1-4）。

中国传统园林是承载中华文化的综合艺术体，其审美主体是"大自然"，所以，人工围合的建筑是"实"，体验阳光和空气等自然要素的庭院是"虚"，建筑空间与庭院空间是互相联系、互相依存的两个方面，是放在一起同时考虑的。一幢或若干幢建筑带着庭院，室内空间与室外空间相互结合，成为生活空间的一个整体。在建造建筑"实"

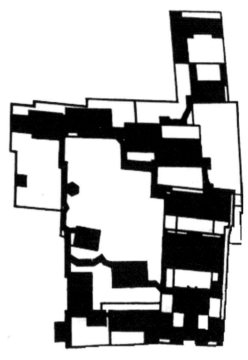

图 3-1-4　网师园空间图底关系

的部分的同时也考虑到了建筑所围绕起来的"虚"的空间。从中国的一些典型的住宅建筑中，如果我们把建筑当作"黑"，把院落轴线当作"白"，它们所构成的平面图案，正类似汉字的结构，黑与白是相生的、互补的，有了"黑"才产生了"白"，有了"白"才衬出了"黑"。

我国园林建筑注重空间的处理。空间的大小、空间的对比、空间的序列一般都是沿着一连串的庭院，由室内空间与室外空间交替运用而产生的。虚实、明暗、黑白灰共同组成了富有艺术感染力的空间节奏，形成了中国园林建筑空间独特的艺术气氛。

虚实相生，虚实结合，这是中国人很重要的空间观念、艺术观念，也是一个哲学的宇宙观念。中国的儒学与老庄哲学都认为宇宙是阴阳的结合，是虚实的结合。老子说："有无相生。"庄子说："虚室生白。"世界是运动、变化的，有生有灭，有虚有实。园林设计要表现这有生命的世界就必须虚实结合。虚与实是矛盾的统一体，实（象）由虚而生，虚（意）借实表达，它们是不能分割的存在。因此，只有把这两方面有机地统一起来，做到虚中有实，实中有虚，虚实结合才能创造出园林建筑艺术的美。

化景物为情思，从咫尺山林中创作出深邃的意境，获得无穷的意味和幽远的境界，才能使景物百看不厌，而这种境界和意味正是化实为虚、虚实结合的结果。空间的闭塞感主要是由实体阻隔所引起的，中国园林建筑中经常采用"以虚破实""化实为虚"的手法，以"灰"空间引导视觉空间的渗透，比如，以"虚"的游廊、敞轩等来处理高大的围墙和建筑的墙角等这样一些"实"的边界部位，形成以虚为主的、空灵的、流动的空间气氛。

## 二、命意在虚

建筑的实用功能，在老子的《道德经》[①]第十一章中有经典的描述："三十辐一毂；当其无，有车之用。埏埴以为器，当其无，有器之用。凿户牖以为室，当其无，有室之用。故有之以为利，无之以为用。"明确指出了"门窗四壁内的空虚部分，才有房屋的作用"。所以，空间中"虚"的部分，才是我们围合功能空间的重点所在。

美国建筑师莱特受《道德经》的启示，提出了"房屋的存在不在于它的四面墙和屋面，而在于那提供生活用的内部空间"以及"房屋内部的房间或空间才是人之所在……"的观点（The Future of Architecture）。

基于传统园林乃是为了补偿人们与大自然环境相对隔离而人为创设的"第二自然"的设计思想。园林中主要的空间一般都留给山、水、植物等"虚"的自然要素人们在园林中漫游，所获得的最深刻印象，并不是由界面围合成的建筑物造型，而主要在其变幻的建筑空间及园林意境的塑造。

在中国的园林建筑中，还经常运用巧妙地安排在建筑及墙面上的空洞和漏窗等起到借景与对景的作用，使外部美丽的自然成了内部空间的一个有机部分，成为清代李渔所谓的"尺幅窗，无心画"（图3-1-5）。

---

① 彭富春著，《论老子》，第30页，人民出版社，2014年。

图3-1-5　"尺幅窗，无心画"

图3-1-6　天坛公园中的圜丘坛

"轩楹高爽，窗户虚邻，纳千顷之汪洋，收四时之烂漫。"计成《园冶》造园家所期待获取的并不仅是建筑的实体，也不仅仅是建筑实体所围合起来的内部空间，而是通过空间围合界面的漏窗去摄取外部无限的世界。这种意境表达的典范如北京天坛公园中那座祭天用的圜丘坛，它仅仅是用三层圆形的石坛在底界面上做出凸起的处理，坛面上对着的不是屋顶，而是一片虚空的天穹，也就是以整个的宇宙作为自己的"庙宇"。这样的"庙宇"广阔无垠、高大无比，是"命意在需不在实"的绝佳呈现（图3-1-6）。

### 三、移步换景

建筑是内、外空间交织的综合体。

1929年，在西班牙巴塞罗那举办的世界博览会中，密斯·凡德罗设计了德国国家馆的一部分（图3-1-7）。建筑采用自由灵活的空间组合，因其纯粹的空间、简洁的建筑语言、丰富的材质给人一种充满弹性和活力的感受，在现代主义建筑史上开创了"流动空间"的新概念。由此，意大利建筑师布鲁诺·赛维（Bruno Zevi）在《现代建筑语言》一书的第6章中提出了现代建筑语言的第六个原则是"时空连续"。许多优秀的现代建筑创作都体现了这一特点："现代建筑空间不应该只满足于那些静态的、均衡的空间，处处给人四平八稳、没有明显个性的空间感受，当人们在空间中行进时，应该有多种多样的空间印象，获得变动的、多点透视的效果。"

图3-1-7 巴塞罗那世界博览会德国馆

中国人在长期的园林建筑实践中遵循的这种时空概念，称为"移步换景"。园林的内部空间与外部空间不应该被围合建筑的实体界面分隔为一刀两断，内、外空间可以互相交往、补充、流通、连续，外部空间可以被引入到内部来，内部空间也可以伸展到外部去。人们在空间中行进，由内部空间到外部空间，或者反过来从外部空间到内部空间，是一种时空连续的发展过程，是一种时空结合的整体感受。

中国园林从小的庭园到大的风景区，其景观组织都基于这种时空结合的观念。造园人不会去建造那种死板的，与周围自然环境毫不相干的，有时甚至凌驾于风景之上的建筑，不使园林建筑成为自然环境中的一个装饰精美的"牢笼"，而要使建筑与环境和谐地融合为一个整体（图 3-1-8），人在"宇"（空间）中自由自在地出入，建筑只是他们整个观赏序列中的一个停顿和视点，整个的游赏过程有静有动，人们对空间内景物的感受随着时间（宙）的推移和视点、视角的不断变幻而变化。

中国传统园林建筑的空间也是与此一致的。它重视建筑的造型，更重视整体环境的塑造，把个体建筑形象作为整体空间环境中的一个有机部分来看待；它重视局部空间的视觉效果，更重视整体空间上的律动、节奏与和谐；把建筑、山石、树木等组成富有音

图 3-1-8　拙政园长廊

乐感的空间结构。好像是一首交响乐曲一样，有序曲、有引子、有渐变、有高潮、有尾声。空间有大小、有开合，既变化又统一。中国园林建筑空间美感的获得，并不在于某一个固定点的透视画面，而在整个游赏的过程中，在时间的进程中流动，逐步汇集、叠加、增强而形成的总的印象。同时，不仅考虑到视点不断移动所获得的空间变化效果，而且还把时序、气象变化的因素，日、月、风、云、雨、雪对景色空间影响的因素，声响在景观中的效应（如"柳浪闻莺""残荷听雨"等）也都考虑进去。

因此，可以说，中国的园林建筑不仅是一种空间的艺术，更是对时间的计划和体悟，是一种随着时间的变化而感受空间变化的移步换景的艺术综合体。

另外，传统园林更是用一种主观能动的眼光来看世界，用心灵作画。视点并不是固定在某一个固定的地点，而是从全局体悟，由多点来看部分，"以大观小""俯仰自得"；从多个视点去纵观全局，"仰山巅""窥山后""望远山"，由高转深，由深转近，再横向于平远。视线是流动的，转折的，是散点透视的画面效果，把全部事物都组织在一个和谐的、有节奏的、气韵生动的艺术画面里。因此，这种"三远法"①所构成的空间，不是几何学的透视空间，而是一种把主观意趣糅合到客观事物之中，包括时间因素在内的意境空间。

_____

① 宋代郭熙的《林泉高致》中提出了"高远""深远""平远"的"三远"透视法："山有三远，自山下面仰山巅，谓之高远。自山前而窥山后，谓之深远。自近山而望远山，谓之平远。"

# 第二节
# 园林布局手法

中国传统园林有各种类型，都是文人、画家、造园匠师们饱含对自然山水美丽渴望与追求，在一定空间范围内创造出来的，以自然风景作为创作依据的自然式风景园林，因此在布局上遵循"师法自然，创造意境"的主导思想，以"融进了客观的景与主观的情，自然山水与现实生活的艺术境界"[①]为着意追求的目标。

## 一、园林布局

### 1. 真山水园林布局

大自然山水的骨架已为人们安排好了景观上的主次关系，布局首先在于选址，选一块具有比较理想的自然山水地貌的地段，分析地段内外自然的山、水、古树，以及成景、借景的因素。然后，依据山有气脉，水有源流，路有出入，主峰最立高耸，客山须是奔趋，山要环报，水要萦回，这些真山真水自然规律的特点，选择好风景点的位置，使各风景点主景更加突出、醒目，次要的景观各得其所，主次之间彼此呼应、连贯，与周围环境一起串联与结合成有特点、有性格的园林整体，实现"师法自然、创造意境"艺术境界。

被陈从周先生誉为西湖园林之冠的"西泠印社"（图3-2-1）浓缩了这一布局的规律，全园循孤山自然山势而建，从孤山西南麓向北延绵至山顶总高差约20米，亭台楼阁因山势高低错落有致地安排，建筑分布于山脚、山腰、山顶，各抱山势，妙在取景，形成三个参差错落富于变化的庭园空间，并开凿"西泠四泉"（莲池、印泉、文泉与闲泉），山顶水池逶迤成"S"形，活化景观序列。

### 2. 私园布局

私园一般在城市的平原地带造院，并与大片居住建筑结合，范围小，在这样的条件下，园林布局的任务在于使各功能空间有主有次，构造物有主有从，循自然之理，得自然之趣，体现出大自然的美的意味，相得益彰地营造出"虽由人作，宛自天开"的园林艺术整体效果。

---

① 冯钟平《中国园林建筑》，清华大学出版社，1988年版，第76页

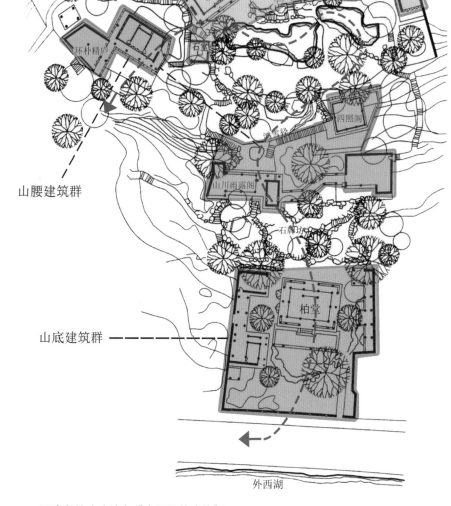

山顶建筑群

山腰建筑群

山底建筑群

外西湖

图 3-2-1 西泠印社（改绘自《中国园林建筑》）

## 二、园林建筑布局规律

园林建筑布局从属于园林总体布局，同时又对总体布局产生重要的影响，是园林整体规划中的一个重要方面，在空间的组织与情景互动关系上，虽然根据场地的地理环境、气候条件、规模、内容的不同有很大的差异，各自有其独特的处理手法，但仍然具有共同的规律，概括起来主要有：主从与均衡，规整与活变，静与动，对景与借景。

### （一）主从与均衡

园林建筑布局的基本特点就是：山水为主，建筑是从。但建筑的布局并不是被动地依附于山水环境，而是能动地与环境相配合，相互依存、掩映生辉，根据场地的具体特点，创造有特色的建筑形象，使客观的景由于人工空间的介入而更具美的形式和意味。

园林建筑的主从布局，大致有三种方式：

（1）建筑相对集中布置，与山水形成对比[1]。

规模较小的园林，布局的基本方式是：山—水—建筑。建筑面对山水，既突出了山水景观，又获得了良好的观赏条件。建筑集中布置，既使自然空间开放、明朗，又使建筑空间封闭、曲折，有疏有密，形成对比，兼顾到实用功能与艺术观赏两方面的需要。

如苏州的网师园就是以水池为中心，在水池和建筑物之间留出空隙，种植花木或堆叠山石，使庭院空间达到富有自然情趣的经典（图 3-2-2）。

（2）建筑分散布局，相对集中形成重点。

规模较大的真山水园林，景观变化多样，自然界的天然韵律要求建筑采取分散布局方式。建筑依据环境不同特色，各抱组团，灵活布置，形成有个性的景点。景点有大有小，以大带小，有节奏有

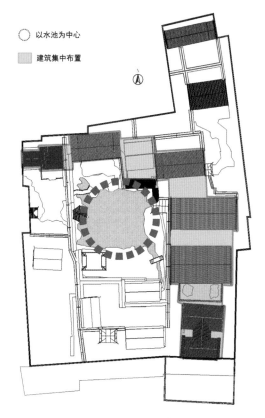

○ 以水池为中心

■ 建筑集中布置

图 3-2-2　网师园

---

① 节选自：冯钟平《中国园林建筑》，清华大学出版社，1988 年版，第 125 页。

050

变化地控制全局。如四川青城山的寺观园林布局，大的寺观一般建在能控制一片景域范围的适中位置，进行主要的宗教活动和供客人食宿，形成一个相对独立的景区，而延伸出去的小寺观与小风景点则布置于观赏风景的绝佳处，如山顶、岩腰、洞边、溪畔，形成各有特色的风景点，供游人坐憩、观赏，由山道将主要的寺观和景点联系起来（图3-2-3）。

（3）建筑物沿着一定的观赏路线布置，在其尽端以主体建筑结束，形成重点与高潮。

如苏州虎丘，沿游览山道西侧顺山势建有拥翠山庄、台地小园林，北部有陡峭的峡谷、山涧、剑池，沿山坡上下，依势建有石亭、粉墙及其他游赏、寺庙建筑物，而山巅高处耸立着八角七级的云岩寺塔（即虎丘塔）作为结束，造型雄浑古朴，形象突出，控制了整个园林景域，很自然地成为重点和高潮所在（图3-2-4）。

图 3-2-3　寺观园林建筑

图 3-2-4　苏州虎丘

主从与均衡是艺术创作的形式美规律。园林创作也是这样，主从分明才能有重点、有起伏和高潮，才能避免平铺直叙的平淡乏味，才能使营造出的空间获得视觉心理的均衡状态。留出空隙，种植花木或堆叠山石，使庭院空间达到富有自然情趣的经典。

### （二）规整与活变

有规整有活变是园林建筑布局中达成统一与变化的一个重要方面。任何艺术品的创作，都必须从"全局"着眼，使各分散的局部按一定的"章法"组合成一个有机的整体，没有"章法"，局部就是散乱的，没有整体感的，构不成"全局"。但只有整齐、划一而没有多样、变化，也会感到单调而缺乏生气。这种"章法"，对园林建筑布局来说，除了要有主有从外，就是要有规整有活变，在规整中有变化，变化中有秩序。

在园林建筑布局中，"规整"就是以轴线来组织建筑群体，"活变"就是因地制宜，灵活地进行布置。这种"规整"与"活变"既是艺术构图上的需要，又体现了功能上的要求，因此是功能与自然的结合。在私家园林中，一般居住部分是"规整"，以轴线组成层层院落；而园林部分是"活变"，以自然山水为主体，组成自由变化的格局。在园林内部，主要的厅堂本身往往又是"规整"，建筑及其延伸的平台常是对称的；而亭、榭、轩为小体量的建筑则随自然形势灵活布局，又是"活变"。

在皇家园林中，"前朝后苑"是常用的一种构图手法，用轴线来组织建筑群体，使整个群体保持着严整的秩序感；用园苑来组织院落，呈现自由变化的意趣。一般表现为：宫廷区是"规整"，园苑区是"活变"；在园苑之中，主要的建筑群体是"规整"，次要的建筑群与独立的点景建筑是"活变"。例如北京颐和园谐趣园的建筑布局（图3-2-5），全园二十多幢建筑，统一在一起的轴线只有两条：一条是纵贯南北，自霁清轩过涵远堂至饮绿亭的主轴线；另一条是由宫门入口与洗秋轩对景的次轴线。有了这两条轴线，其他建筑都因地制宜地随意安排，再由廊、墙等建筑构造把它们高低曲折地联系起来，在规矩中增添了自由活泼、灵活多变的意趣。

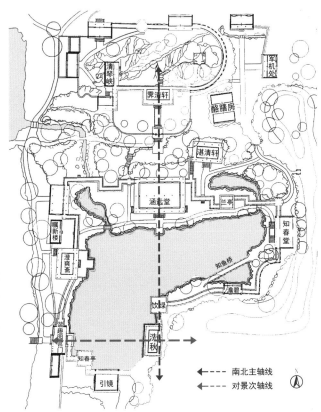

图3-2-5　北京颐和园谐趣园（引自《中国园林建筑》）

### （三）静观与动观

小园主静观，大园主动观。

人们在园林内的生活节奏总是有静有动的，人对景物的观赏也常是"动"与"静"相结合的过程，因此，就产生了静观与动观的区别。静就是息，动就是游；静是"点"动是"线"。由于人们在园林中的观赏经常是在建筑中进行的，所以，园林建筑的布局也必须考虑到这种静与动的要求，既选择好静观的"点"，又组织好游赏的"线"，做到动与静，点与线的结合。

观赏点的选择，根据园林的规模与性质的不同而有差异，要考虑到视距与观赏角度这两个方面，小型庭院的空间范围小，以静态的观赏为主，如陈从周在《说园》[1]中描述网师园："有槛前细数游鱼，有亭中待月迎风，而轩外花影移墙，峰峦当窗，宛然如画，静中生趣"（图3-2-6）。静观的"点"，一般就是厅堂、亭榭、楼阁、平台（图3-2-7）等建筑物，主要视点常位于厅堂轩馆之内，庭院内的山石、花木的布置关系主要考虑从室内所获得的观赏效果。

图 3-2-6  网师园月到风来亭　　　　　图 3-2-7  平台（引自《图解庭院设计与施工》）

　　大型园林用观赏路线把园内各景点联系起来，这一动观的"线"，或是游廊，或是园路，或是水道，变化较大。要依据园林景观的特点、地势的高低变化，或登山远眺，或临水平视，或开阔明朗，或幽深曲折，提高视觉的质量，形成多样变化的景观。

　　动态的观赏还必须考虑到景色逐层展开的连续效果。当人们沿着它前进时，视点是活动的，不仅有左右曲折的变化，还会有高低、俯仰的变化，周围空间的视觉界面也在跟着改变，景物的主、次关系，近、中、远的

---

①　陈从周《说园》，同济大学出版社，1984年版。

层次搭配也在不断变换。之前在视觉画面中看到的主景，过一会儿可能改变为另一个画面中的配景；之前看到的中景，过一会儿可能变成了近景；妙在景从路生，路从景出，峰回路转，远近变换，境界更迭。因此，精心地布置这样的游览路线，不仅对风景的渐次展开起到空间组织作用，而且是获取自然景观总体印象的一种最有效方式，使人们在行走中体味并感悟到园林艺术生动的自然魅力。例如苏州拙政园荷风四面亭周边动线（图3-2-8）。

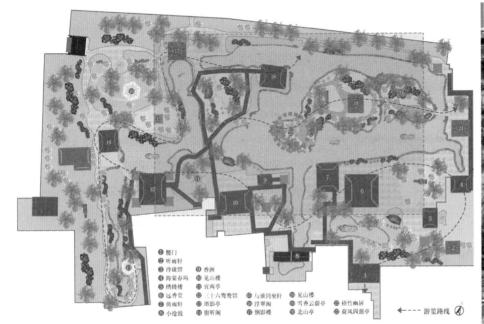

① 腹门
② 听雨轩
③ 玲珑馆
④ 海棠春坞
⑤ 绣绮楼
⑥ 远香堂
⑦ 倚玉轩
⑧ 小沧浪
⑨ 香洲
⑩ 见山楼
⑪ 宜两亭
⑫ 三十六鸳鸯馆
⑬ 塔影亭
⑭ 留听阁
⑮ 与谁同坐轩
⑯ 浮翠阁
⑰ 倒影楼
⑱ 见山楼
⑲ 雪香云蔚亭
⑳ 北山亭
㉑ 梧竹幽居
㉒ 荷风四面亭

◄---◄ 游览路线

图 3-2-8　苏州拙政园动线

## （四）对景与借景

在园林建筑布局中组织好对景和借景，也是丰富园林景观的重要方法之一。

对景，就是在园林内的主要观景点与游览路线的前进方向所面对的景物。这样的景物，可以是自然景物，也可以是建筑物。江南园林中的厅堂楼阁是园内的主要观景点，因此，在它们的位置确定之后，常在其正面有意识地布置山水、竹石、花木及亭榭等组成对景，形成生动的风景画面。但这种对景在多数情况下都不采取西方古典园林那种轴线对景方式，而总是随着曲折的平面，组成不对称的、自由变幻的景观构图，随着曲折的道路与游廊前进时，景色依次展开，步移景异，形成动态的、不断变化的对景关系；其中，以空间转折变换处的门窗洞口、叠石、树木等构成的框景或夹景效果最为生动。

建筑之间互为对景一般有两种方式：一种是轴线式对景方式，两个景点之间的建筑物以轴线的对应关系联系起来。这种方式所形成的对景建筑形象，往往是一点透视的效果，主要为求得分散景点之间相互整齐的格局。有时两组建筑物在平面关系上以轴线相互对应，但在高程上却有错落，形成较为生动的虚轴线对位构图。这种轴线对景方式，在皇家园林中的重点建筑之间经常采用，形成比较庄重、严谨的构图效果。例如北京颐和园谐趣园涵远堂对景（图3-2-9）。另一种是交错式对景方式，两个互为对景的建筑之间，在平面与高程上都没有轴线关系，彼此交叉、错落、映衬，形成的对景建筑形象往往是非常生动、多变的多点透视效果，形成自由活泼的画面。这种方式在私家园林中普遍地被采用，例如拙政园香洲对景（图3-2-10）。

图 3-2-9　涵远堂对景

图 3-2-10　拙政园香洲对景

借景，每一座园林的面积和空间是有限的，为了扩大景物的深度和广度，丰富游人游园的内容，除了运用因地制宜、迂回曲折等造园手法外，造园者还会运用借景的手法，有意识地把园外的景物"借"到园内视景范围中来，将他人之物为我所用，收无限于有限之中，进而丰富园林景观、扩大园林空间范围。

### 1. 借景的内容

（1）借实景：山、水（水村山郭）、动物（鸡犬桑麻、雁阵鹭行）、植物（阡陌纵横、古树参天）、建筑（飞阁流丹、长桥卧波）、人（渔舟唱晚、梵音诵唱）等为景物。

借实景可分园内借景与园外借景；其中，园外借景是把外部空间中的景物借入园内，成为园内组景的一部分，常能取得极为生动的效果。如清代乾隆年间，扬州瘦西湖两岸长达十里的地段上，曾布置着二十几座私家园林，各园林之间通过借景的手法，前后左右遥相呼应，隔湖相望，空间上连为一个整体，使沿岸的湖山林竹与楼台亭榭共同组成一个大的构图。"两堤花柳全依水，一路楼台直到山"，形成空前胜景。《园治》上说："园虽别内外，得景则无拘远近……俗则屏之，嘉则收之。"如无锡寄畅园，现有面积约 14.85 亩，南北长，东西窄，园内只有小山，却依惠山东麓山势作余脉状，合乎自然，更通过借景把惠山主山与锡山及龙光寺塔都借入了园内，极大地丰富与扩大了园林景观效果（图 3-2-11)。

（2）借虚景：日、月、星辰、残荷夜雨、松海听涛、鸟语画香，天文气象和四季变化的季候感以及园林中的匾额、题字、纹样等等，在有限的空间中创造无限的想象力。如江苏镇江焦山郑板桥读书处，小斋三间，一庭花树，别峰庵保留着郑氏当年手书对联"室雅何须大，花香不在多"（图 3-2-12），凡见此者，心中便会释怀现实空间的小而生胸怀的辽阔，顿觉心情舒畅，达到内外有景，心远地自偏的精神境界。

图 3-2-11　借锡山及龙光寺塔

图 3-2-12　借郑板桥题字

## 2. 借景的空间处理

（1）开辟赏景透视线，在园中建轩、榭、亭、台，作为观景点，修剪掉遮挡视线的障碍物，对于阻碍赏景的树木枝叶等进行整理或去除。

（2）提升视景点的高度，使视景线突破园林的界限，取俯视或平视远景的效果。在园中堆山，筑台，建造楼、阁、亭等，让游者放眼远望，以穷千里目。

### 3. 借景的手法

（1）近借：在园中欣赏园外近处的景物。

（2）远借：在不封闭的园林中看远处的景物，例如靠水的园林，在水边眺望开阔的水面和远处的岛屿。

（3）邻借：在园中欣赏相邻园林的景物。

（4）互借：两座园林或两个景点之间彼此借对方的景物。

（5）仰借：在园中仰视园外的峰峦、峭壁或邻寺的高塔。

（6）俯借：在园中的高视点，俯瞰园外的景物。

（7）应时而借：借一年中的某一季节或一天中某一时刻的景物，主要是借天文景观、气象景观（图3-2-13）、植物季相变化景观和即时的动态景观。

借景在园林中被广泛运用，使园林空间构成了一个"内外空间交织"的整体，营造出一种虚实相生的空间氛围，我们在进行"康养园宅"设计时应该充分地活用园林构造的借景手法，因为"康养园宅"本身是一个有限的空间，如果设计者能够充分的利用场地周边的景物，在设计中合理、巧妙地运用借景手法，原本有限的"康养园宅"就会随着"借入"而营造出曼妙的空间景致，增添别样的审美感受。

图 3-2-13　借万寿山冬雪

# 第三节
# 园林建筑空间的基本类型

　　人对空间的感受主要是通过视觉而引起的，因此我们讨论的也主要是视觉空间。人从一个视点环顾四周，视线被各种界面阻挡从而感知到空间的存在，形成空间的印象，这些视觉界面所限定的范围就是我们所能感受到的空间。人在天地之间，大自然的空间可以把天、地当作界面，有大地为床天为被的境界，对于人工围合的空间而言，实体空间，通常由三种界面构成，包括底界面、侧界面和顶界面。

　　中国传统园林是一种满足"可望、可行、可游、可居"功能空间，人们在园林内的生活行为，要求创作出与这种需要相适应的园林空间。要"望"，就要有供远眺的开放空间和供近赏的庭园空间；要"行"要"游"，就要有园路、游廊这样连续流通的动态空间；要"居"，就要有私密性的静态空间。这种把人的生命活动和审美需求巧妙组合起来空间构思，就是人们从园林空间获得美感的根本奥秘。

　　园林建筑的空间组合，主要依据总体规划上的布局要求，按照具体环境的特点及使用功能上的需要而采取不同的方式，大体可归纳为以下四种基本类型。

## 一、聚合性的内向空间 [①]

　　我国的传统建筑，由于受到结构和材料的限制，建筑物的进深与开间都有限，建筑空间的组织、变化、层次、序列多以室内与室外相互结合的方式展开。其中，四合院（图 3-3-1)是一种典型的方式。这种建筑空间组织形式的四面，以建筑、走廊、围墙相环绕，庭院内以山水、植物等自然题材进行点缀，形成一种内向、静谧的空间环境。一般以近观、静赏为主，动观为辅。室内外空间联系紧密，庭院空间联系着若干座单体建筑，起着公共性空间与交通枢纽的作用。

　　我国的住宅，从南到北多采取这种庭院式的布局，由于地

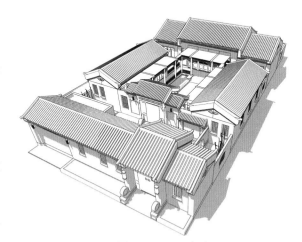

图 3-3-1　四合院

---

① 　引自冯钟平《中国园林建筑》，清华大学出版社，1988 年版，第 151 页。

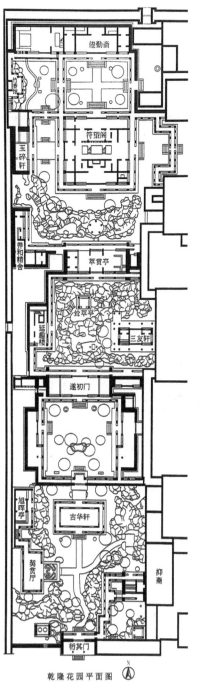

乾隆花园平面图

图 3-3-2  乾隆花园位于故宫宁寿宫区的西北角，南北长 160m，
东西宽 37m，为四进院落

理气候上的差异。北方典型的四合院庭院一般比较规整，常以中轴线来组织建筑物以形成"前堂后寝"的格局，主要建筑都位于中轴线上，次要建筑分立两旁，用廊、墙等将次要建筑环绕起来，根据需要组成以纵深配置为主、以左右跨院为辅、一进进的院落空间，为争取日照，院落比南方大。这种空间组合形式也很充分体现了长幼有序、内外有别、主从关系分明的封建宗法观念和宗族族居制度的需要，如故宫内的乾隆花园（图 3-3-2）。

南方的私家园林，一般都是在住宅庭院基础上进一步延伸和扩大。在连续的建筑之间插入不同景色的过渡空间，增加园景的变化，目的是在有限的空间内创造许多幽静的环境，所以，住宅庭院布局比较机动灵活，庭院、小院、天井等穿插布置于住房的前后左右，室内外空间联系十分密切，有的前庭对着开敞的内厅，完全成为内部空间延伸到室外的一个组成部分，为防止夏季日晒，庭院空间在进深上一般较小，与园林中的居住、读书、会客、饮宴部分，组成相对独立的安静小院，以满足功能上与心理上的需要。

康养园宅
yuanzhai

康养园宅中的传统园林知识

059

按照大小与组合方式的不同，这种聚合性的内向庭院又可划分为"井""庭""院""园"四种基本的形式：

（1）"井"——即天井。天井是我国传统园林空间的重要构成部分，是园居者在空间满足实用功能的基础上，根据当地的自然环境与气候条件，采用内外空间结合的手法，营造的特色居住环境。人在天井中可以足不出户品味大自然的美，与大自然亲近，享受阳光与雨露，从而感受"坐井观天"的乐趣，以采光、通风为主，人不进入。常位于厅、室的后部及边侧或游廊与墙的交界处所留出的一些小空间，在其内适当点缀山石花木，在白墙的衬托下获得生动的视觉效果。天井深度一般小于建筑的高度（图3-3-3）。

（2）"庭"——即庭院。庭院空间一般都从属于一个主要的厅堂，庭院四周除主要厅堂外以墙垣、次要房屋、游廊相环绕。庭院内部可布置树木、花卉、峰石，但一般不作水池，以厅堂内部的静观为主。以其位置的不同可分为前庭、中庭、后庭、侧庭等。庭的深度一般与建筑的高度相当或稍大一些（图3-3-4）。

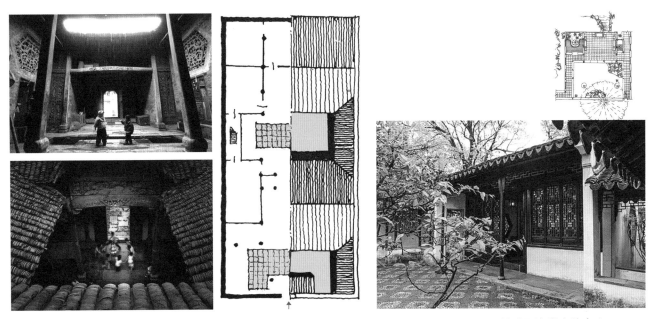

图3-3-3　徽派民居天井　　　　　　　　　　　　　图3-3-4　拙政园海棠春坞庭院

（3）"院"——一种具有小园林气氛的院落空间，面积比庭大，以廊、墙、轩、馆等建筑环绕，平面布局上灵活多样。院内以山石、花木、小的水面、小型的建筑物相配合，组成有一定空间层次的景观，在主要空间的边侧部位偶尔分隔出一些小空间，以形成主次空间的对比与衬托。庭院空间在贯连不同的主体空间同时，在空间秩序的营造方面有着重要的功能，巧妙地进行组合，能够充分表现整体空间内外延伸和交融的立体效果（图3-3-5）。

（4）"园"——是院落的进一步扩大。一般以水池为中心，周围布置建筑、山石、绿化，空间较为开朗，布局灵活变化，空间层次较多，但基本上仍是由建筑物所环绕起来的小园林，是建筑空间中的自然空间。许多小型的私家园林以及一些大园林中的"园中小园"都属于这种形式（图3-3-6）。

从平面上不难看出，传统园林中的"园"具有一定的景观意义，虽然和居住建筑结合在一起，但基本上"园是园，宅是宅"，各自是相对独立的空间。康养园宅就是要"纳园入宅"，把这一自然空间与建筑空间充分地交织到一起，彻底模糊空间的边界，使之成为内外空间交融的整体。

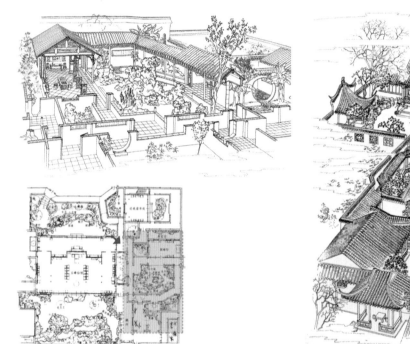

图 3-3-5 留园石林小院剖视

图 3-3-6 网师园池面俯瞰

## 二、开敞性的外向空间

自然环境中的点景建筑物，常以单体建筑的形式布置于具有显著特征的地段上，起着点景与观景的双重作用。建筑物完全融汇于自然环境之中，四面八方都向外开敞，在这种情况下，建筑布局主要考虑的是能够取得建筑形式与自然美的统一。这类建筑常随环境的不同而采取不同的形式，但都是一些向外开敞、空透的建筑形象。

位于山顶、山脊等地势高敞地段上的建筑物，由于空间开阔，视野展开面大，因此常建亭、楼、阁等建筑，并辅以高台、游廊组成开敞性的建筑空间，以便登高远望，四面环眺，收纳周围景色。

临湖的建筑物，由于面向大片的水域，常布置亭、榭、舫、桥亭等比较轻盈活泼的建筑形式，基址三面或四面伸入水中，使与水面更紧密地结合，既便于观景，又成为水面景观的重要点缀。例如苏州拙政园中的"香洲"（图3-3-7）。都是临水的开敞性外向建筑空间的实例。

围绕水面、草坪、大树、休息场地布置的敞廊、敞轩等建筑物，也常取开敞性的布局形式，以取得与外部空间的紧密联系。

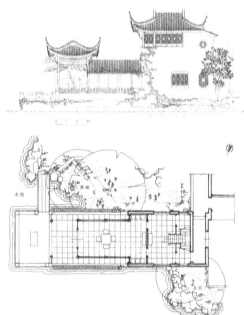

图 3-3-7　拙政园香洲

## 三、自由布局的内外空间

自由布局的内外空间兼具内向庭院空间与外敞性空间两方面的优点，既具有比较安静、以近观近赏为主的小空间环境，又可通过一定的建筑部位观赏到外界环境的景色。造型上因为有闭有敞而虚实相间，形成富有特色的建筑群体。因此，这种空间形式广泛地适用于各种地形环境，成为园林与风景区中大量采用的一种布局方式。

建筑群体的布局多顺乎地形地貌的特征，相地得宜自由活泼地布置，一般把主体建筑布置于重点部位，周围以廊、墙及次要建筑相环绕，内外空间流通渗透，轻巧灵活，具有浓厚的园林建筑气氛。例如圆明园《四十景图》绘制之"上下天光"（图3-3-8），就是较为典型的例证。据史料记载，上下天光景区建成于雍正年间（公元1722—1735年）。其命名来自北宋文豪范仲淹的传世名作《岳阳楼记》中的诗句"至若春和景明，波澜不惊，上下天光，一碧万顷"。主体建筑为涵月楼，是一座两层敞阁，外檐悬挂乾隆御笔"上下天光"，涵月楼是一组临水的建筑，前半部分延伸入水中，左右两侧各有一组水亭和水榭，用九曲桥连接在一起，形成内外空间虚实相生的印象，这组建筑也因此而极为唯美巧妙。

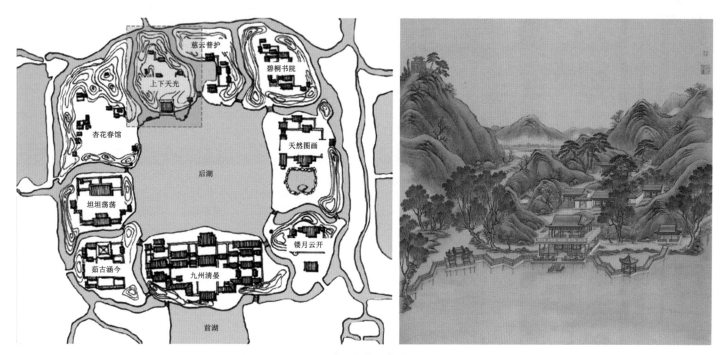

图 3-3-8　圆明园《四十景图》绘制之"上下天光"

## 四、画卷式的连续空间

在中国园林建筑的空间组合方式中，还有一种把建筑物按照一定的观赏路线有秩序地排列起来，形成一种类似中国画长卷式的连续空间。这种方式显然是模仿我国一些市镇中的建筑组合方式。我国江南水乡，如位于苏州城东南的周庄（图3-3-9）、绍兴等地，河道密布，建筑多临河而筑，体形高低错落，自由活泼，河中小船穿梭，拱桥跨越河面，形成一种生活气息很浓的河街。宋代的张择端作的《清明上河图》（图3-3-10），就曾把北宋东京汴梁（现河南开封市）繁盛的风貌，从郊外到城里，从船只的往来到茶坊酒肆、行人车马，把当时整个城市生活的面貌表现在一幅长卷画上。它运用了中国画惯用的散点透视的原理，打破了时间、空间上的局限，把不同时间、不同空间的各种景物都集中表现在一幅画里。画卷从右向左展开，作者的视点也从右向左移动，从郊外步入城里，观赏者也跟随着作者的行踪，一路走一路看，就好像是身入其境一样，既看又游。人们沿着一定的观赏路线前进，随着时间的推移，空间不断变幻，在动态的观赏中使人获得一种连续不断的景观印象。

图 3-3-9　周庄（引自《中国古建园林大全》）

图 3-3-10　《清明上河图》局部

　　根据人们在园林内的生活行为需求，将以上四种园林建筑的基本类型结合具体环境特点灵活应变，进行组合、搭配，可以构成千变万化的园林建筑空间形式，建造出无穷无尽的园林建筑组群。

# 第四章

# 康养园宅与自然环境

　　康养园宅是一种城乡融合的，以乡村田园为生活空间，以农作、农事、农活为生活内容，以回归自然、修身养性、康体疗养为生活目标；以中国古典园林的审美为创作依据，探索中国传统园林在当下再生与活化的，具有中国特色、中国风格、中国气派的新型建筑形式和居住文化产品。

　　我国国土面积总量的九成以上是农村，遍布于高山、江湖和平原之中，自然资源丰富，非常适合康养园宅的选址和建造。

　　计成在《园冶》的"兴造论"中说：园林巧于"因""借"，精在"体""宜"，园虽别内外，得景则无拘远近。园林建筑必须根据自然环境的不同条件因势利导、随机应变，使建筑和自然环境有机结合，达成协调和统一。具体而言，根据建筑和环境的关系，康养园宅的选址主要从邻山、临水、平地三种与地形的结合去探讨他们的空间关系。

# 第一节
## 邻山康养园宅

邻山康养园宅要在对山地地质情况和规律的分析前提下，顺应地形地貌的三维空间变化，合理经营邻山康养园宅的底界面，进而形成融于自然，化作风景的住宅。

依山之地，最大的优势就是可在山中营造住宅，因为这些地方有高有低，有曲有深，或是俊俏的悬崖，或是宽阔的平地，本身就形成了天然的雅趣；从本质上来讲，对大自然客观存在的地貌特征的整合分析是首要关注的焦点。康养园宅与山体的选址关系主要有"山巅""山脊""山腰""峭壁""峡谷"。在分析地势特色的同时，对康养园宅底界面及周边环境加以适当地改造，才能得体合宜；一般结合山势，进行"台""跌"处理，其次，运用柱子支撑在高低起伏的山地上"吊"的方式，获得邻山康养园宅的地坪，再者也可以采用"挑"的手法，悬伸出邻山康养园宅的底界面，达到"占天不占地"的效果。

在建造过程中，基地上有时候会出现无法移动的巨石，或珍贵的古树，这些自然元素虽然限制了底界面的自由扩展，但加以得当处理，便可以成为点睛之笔。使建筑空间与巨石共生（图4-1-1），达成使居住者心理随着内外空间的转化，情绪逐层渲染，气氛逐渐加强，而获得与自然山体心意相通的审美意境。

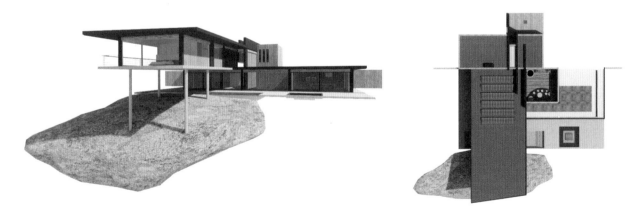

图4-1-1 与巨石共生的建筑空间

## 一、康养园宅与山势

邻山而建的"康养园宅"因山势而筑，布局灵活，建造物各抱山势，妙在取景，"取势"而"形胜"，与环境融为一体，形成参差错落、富于变化的空间。建筑密度即便达到60%~80%，也不会感到压迫，因为建筑依山势呈阶梯状跌落布置，采光、通风好，空间剖面遮挡少，"空间序列"的控制可以使邻山"康养园宅"的空间主次分明，使居住者心理随着空间和景观的变化，情绪逐层渲染，气氛逐渐加强，加上敞厅、长廊、过街楼等空透建筑形式的处理，使邻山"康养园宅"的空间印象流通而开敞，从而获得与自然山体相互交流的空间体验。

康养园宅与山势的结合与传统真山水园林一致，具有下列几种情况：

### 1. 山巅

"欲穷千里目，更上一层楼"，人都有一种攀登顶峰，极目千里的愿望。因此，山顶常成为游赏景色的高潮点。山峰绝顶，居高临下，可纵目远眺，视域广、方向多，具有全景式鸟瞰的整体效果。从观赏山景的角度看，山巅建"康养园宅"可丰富山峰的立体轮廓。使山更有生气。"康养园宅"的造型取集中向上的建筑形象与山势相协调，尺度要与山体的大小相匹配，起到控制风景线的作用。

在高山绝顶处建造建筑既丰富了自然景区中的人文景观，也使人与自然的交融更为紧密，是具有山巅园宅意味的建造。如：上海天华建筑在浙江莫干山设计的裸心堡度假酒店建筑群（图4-1-2）。

### 2. 山脊

位于山脊上的建筑物，可观赏山脊两面的景色。建于山脊的突出部位可观赏到三面景色，具有良好的得景条件，因此，也是康养园宅的选址。

### 3. 山腰

山腰是邻山"康养园宅"最为适合的选址，地域大、视野开阔，选山腰中小气候好，又有水源处兴建，建筑可随山势的陡、缓，分段叠落，参差布置，按照一定的坡度，前低后高、旁低中高，取得极为生动的景观效果。

### 4. 峭壁

以"险"为设计主题，"康养园宅"造型与峭壁结合，能

图 4-1-2　裸心堡度假酒店（引自 gooood 谷德设计网）

够给人以惊奇、玄妙的感受。这种"险""奇"的体验是最能直接关联人与环境情绪的空间。

### 5. 峡谷

峡谷地带，两侧有高山夹峙，中间有山泉、溪流穿过，植物繁茂，深邃而幽静，具有独特的意味。因此，也是康养园宅选取的地址（图 4-1-3）。

图 4-1-3 "山脊""山腰""峭壁""峡谷"（引自微信公众号"建筑师杂志"）

在山坡与山麓地带，地势有较大的起伏，常以叠落的平台、游廊来联系位于不同标高上的建筑物。两端的景观特点可以有所不同，可以用各种不同的开敞性建筑组成静观的停顿点，从游廊的一头到另一头则可进行动态的观赏，获得移步换景的流动空间体验效果。这种开敞性建筑群的布局通常是十分灵活多变的，建筑物参差错

图 4-1-4 "台""跌""吊""挑"
（引自微信公众号"筑龙建筑设计"）

落的体型与环境的紧密结合，取得生动的构图效果。

## 二、康养园宅与山体结合

建筑与山体结合，经常采用一些很巧妙的设计手法，这主要有："台""跌""吊""挑"（图 4-1-4）等。

"台"——结合山势，适当"挖""填"，取得较大地坪，建筑位于平台之上，随山势起伏，跌落。结合山形地势，适当的"挖"和适当的"填"相结合，以最小的土方工程量取得较大平整地坪的一种有效方法。这与为登高远望及登高观象的"高台"不同。在山腰地带建筑群组时，常作成叠落平台的形式，建筑与院子分列于平台之上，建筑顺山势起伏而叠落变化，取得生动、自然的景观效果。

"跌"——作成较小的台，较密地层层跌落而成这种形式。多用于建筑纵向垂直于等高线布置的情况。建筑的地面层层下"跌"，建筑物的屋顶也跟着层层下"落"，最常见的是分层跌落的廊子。有时山区寺庙位于正殿两侧的厢房也采取这种形式。这种形式的屋顶有强烈的节奏，因此十分生动。

"吊"——用柱子支撑在高低起伏的山地上，获得"康养园宅"的地坪。用柱子支撑在高低起伏的山地上，常见的形式是吊脚楼，现代建筑往往以钢结构替换传统的原木，更适应地形的变化。

"挑"——利用挑枋、撑拱、斜撑等支承结构，通过一个支撑点悬伸出"康养园宅"的底界面，达到"占天不占地"的空间需求。

# 第二节
# 临水康养园宅

## 一、康养园宅与水体

水给人亲切感，给人以清新、明净的感受。水面随园林的大小及布局情况使空间延伸、变幻。当山石、植物与水的漫延流动的神态结合一起时更觉得自然而富有生气，静态水面五彩缤纷的倒影和跳动着的山泉、水瀑、浪花总敲打着人们的心弦，令人欢快，富于想象。

因此，人愿意与水接近、愿意与水交往。水体是外部空间设计中变化较大的设计因素，是最迷人和最激发人的兴趣的因素之一，极富变化和表现力。康养园宅设计中应当充分利用自然水资源，人工水景应当控制在适度的范围。

### 1. 传统园林中水体的布局

园林理水，从布局上看可分为"静观与动观"两种形式，一般小园主"静观"，例如同里古镇的退思园东花园（图4-2-1），以处于中央位置的水池为主体，通过文人的想象与充满诗情画意的描绘产生了"一勺则江湖万里"的园林景观。造园学家陈从周在《说园》中说"大园宜依水，小园重贴水，而最关键者则在水位之高低""园林用水，以静止为主"。正是采用了集中用水的方法，使得用地仅九亩八分的退思园拓宽了空间，增加了景深。所谓"水聚则旷、有汪洋之感；水散则奥，有不尽之意"，沿水池四周环列建筑，从而形成一种向心、内聚的格局。集中而静的水面能使人感到开朗宁静，采用这种布局形式可使有限空间具有开阔的感觉。

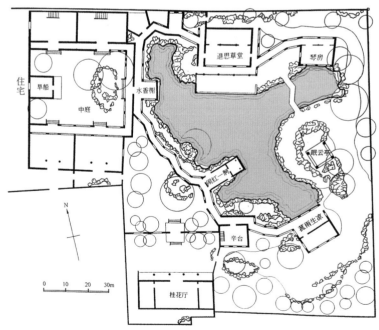

图4-2-1 退思园东花园理水（改绘自《风景园林专业综合实习指导书》）

大园主"动观"，多采用分散用水的方法，在平坦的地段上形成带状水系，带状水系是对自然界溪（河）流的艺术摹写，其特点是把水面分割成互相连通的若干小块，使水域产生辽阔迷离和无穷无尽的连续性，有助于获得朴素自然的情趣，造成引人入胜的感觉。例如苏州拙政园（图4-2-2），以三块较小而又相互连通的水面代替集中的大水面，从而形成三个中心，第一个水面较曲折而富有变化；第二个水面较开朗宁静；第三个水面虽小但却幽静，三者虽相对独立，却又借溪流连成一体，使人感到幽深，借水陆萦迴营造成深邃藏幽之感。

**图4-2-2 拙政园理水（改绘自《风景园林专业综合实习指导书》）**

拙政园现有水面（图4-2-3）近六亩，约占园林面积的五分之三，近代重建者用大体量水面营造出园林空间的开朗氛围，基本上保持了明代"池广林茂"的建园风格。主要建筑均滨水而建，竹篱、茅亭、草堂与山水景色融为一体。水面有聚有散，聚处以辽阔见长，散处以曲折取胜。驳岸依地势曲折变化，多以山石砌筑，大曲、小弯，有急有缓，有高有低，节奏变化丰富。驳岸山石布置，采取上向水面挑出，下向内凹进，不但使水有不尽之意，而且使岸形空灵、险峻，美在其中。园中水面处理与空间层次创造相结合。基本手法有两种，一是采用狭长水面拉长视线，再加上建筑的点景、植物的掩映、驳岸的处理，造成水边无边无际的感觉，丰富了空间层次，如该园的小沧浪处，倒影楼处之水景。二是采取在水面上架桥，用桥分隔水面空间，使水面有层次感，而且处理得更为含蓄。拙政园的"小飞虹"，是廊桥，将水面分隔，更有空间层次感。透过廊桥，外面景致虚虚实实，可谓园林空间的极致。

图 4-2-3　拙政园水面（与谁同坐轩视点、小飞虹视点）

　　在园林中，带状水系的池面处理有强烈的宽窄对比，借窄的段落收束视野，借宽的段落放开心情。分散用水还可以根据水面的变化而形成若干大大小小的中心——凡水面开阔的地方都可因势利导地结合亭、台、楼阁或山石配置形成相对独立的空间环境，各空间环境既自成一体，又相互连通，达到在园内行进的过程中"移步换景"的效果。

　　水和山一样，是大自然的景观之一，是诗人、画家和造园所向往的题材。也是构成古典园林的基本要素之一。宋代画家郭熙在《林泉高致》中极为详尽地描绘了水的多种多样的情态："水，活物也，其形欲深静，欲柔滑，欲汪洋，欲迴环，欲肥腻，欲喷薄……"。所以，不论是北方皇家的大型苑囿，还是小巧别致的江南私家园林，凡条件具备，都必然要引水入园。即使条件有限，也会尽量地以人工方法引水开池，以点缀空间环境。

明代的计成在《园冶》相地篇里对江湖地的描绘："江干湖畔，深柳疏芦之际，略成小筑，足征大观也。悠悠烟水，澹澹云山，泛泛渔舟，间间鸥鸟，漏云层而藏阁，迎先月以登台"。充分表达了传统园林中根据水体进行的布局的思想，巧妙地利用大自然赋予的优美环境，随形就势地理水，也是康养园宅水体布局的方法。

在康养园宅中，以水体为中心，辅以溪涧、水谷、瀑布，配合山石、花木和建筑等形成各种不同的景色，是常用的布置手法。明净的水面能在康养园宅中形成广阔的空间，能够营造清澈、开朗的感觉；能与幽曲的道路与绿化植物形成开朗和封闭的对比，为康养园宅展开分外优美的景色；水景周边的山石、亭榭、桥梁、花木倒影、天光云影、碧波游鱼、荷花睡莲等都能为康养园宅增添生气。

图 4-2-4　黄陂梅店水库天然水景 金璇摄影

### 2. 大自然中的不同水体及其美学观赏性（图 4-2-4）

水有可塑性，其形状取决于容器的形状；水体可呈现不同的状态，静水显得宁静、平和；动水则显得兴奋、欢快，水体流动或撞击实体产生的水声可创造多样的音响效果；水体产生的倒影是对周边景物的独特展现；水的自然特性可提供动植物生境和调节小气候，并形成天然的图画。

（1）静水。

水体相对静止，给人以平静感；水面如镜，倒影提供一个新的透视点（与天光、池底、水深、观赏角度等有关），使人有空间扩大感；静水面可以在视觉上联系其他不同的因素，避免各区域的散乱和无归属；静水以其特有的肌理组成空间的底界面，以水面的展开引导视线。

（2）瀑布（图 4-2-5）。

瀑布是地球上壮美的自然景观，是河水在流经断层、凹陷等地区时垂直从高空跌落的现象。其形态与水的流量、流速、高差、瀑布边口的情况有关，是难得的动态空间垂直界面；还可形成空间的斜界面，水落于不同表面有不同效果，沿斜坡流

图 4-2-5　泰山瀑布

下时，受坡面材料的影响，增加障碍物产生停留和间隔形成的叠落瀑布能够产生更丰富的视觉效果。

在河流存在的时段内，瀑布是一种暂时性的特征，它最终会消失。

（3）流水（图4-2-6）。

流水的特征取决于水的流量、河床大小、坡度、河床和驳岸的性质，从涓涓细流到狂涛汹涌，具运动性和

图4-2-6 泰安大汶河

方向性，是典型的动态的因素。流水有水声，可以充分利用其形态和声响来表现空间的氛围和性格，亦可利用水流划分空间，组织空间流线、引导人流和贯穿空间。

## 二、康养园宅与水体结合

### 1. 传统园林与水体结合的方式

它们之间结合的方式大致可分为："点""凸""跨""飘""引"几种。

"点"——就是把建筑点缀于水中，或建置于水中孤立的小岛上。建筑成为水面上的"景"，而要到建筑中去观景则要靠船的摆渡。岛上的建筑大多贴近水边布置，有的水中建筑或小岛离岸很近，可用桥来引渡。三潭印月（图4-2-7）就是点在西湖中的第一胜境。

图4-2-7 三潭印月

"凸"——建筑临岸布置，三面凸入水中，一面与岸相连，视域开阔，与水面结合更为紧密，传统园林中各种亭、榭及画舫等都运用这种方式。如网师园月到风来亭、颐和园清晏舫都取这种方式（图 4-2-8)。

图 4-2-8　月到风来亭、颐和园清晏舫

"跨"——跨越河道，溪涧上的建筑物，一般都兼有交通和游览的功能，使人置身其上，俯察清流，具有很好的观赏条件，并丰富自然景观。各种水阁及跨水的桥等都运用这种方式。如网师园濯缨水阁及被誉为扬州园林小方壶的何园（寄啸山庄）水心亭（图 4-2-9)。

图 4-2-9　濯缨水阁、何园水心亭

"飘"——为了使园林建筑与水面紧密结合，伸入水中的建筑基址一般不用粗石砌成实的驳岸，而采取下部架空的办法，使水漫入建筑底部，建筑有飘浮于水面上的感觉。具体处理手法很多，如有的以湖石包住基柱，形式自然；有的从临近建筑中挑出飞梁，承托浮廊，如拙政园波形廊（图 4-2-10)。

图 4-2-10　拙政园波形廊

　　"引" ——就是把水引到建筑之中来。方式很多，如圆明园玉泉观鱼遗迹，水池在中，三面轩庭怀抱，水庭成为建筑内部空间的一部分 (图 4-2-11)。

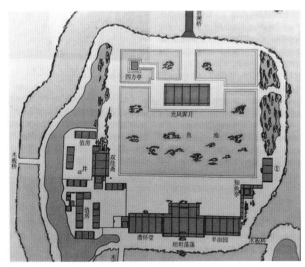

图 4-2-11　玉泉观渔

## 2. 邻水康养园宅与水体结合的一般规律

　　（1）"康养园宅"主要建筑物的立面向水面展开，临水立面布置空廊、敞厅、连续长窗等，使室内获得良好的观赏水景的条件。如 EDSA 十字水生态度假村项目（图 4-2-12）。

（2）建筑物尽可能贴近水面布置，三面凸向水，跨在水面，茶室、泳池等开敞空间四面临空布于水中，以各种隐蔽或有趣的形式与岸边联系。

（3）"康养园宅"的建筑造型亦玲珑小巧，丰富多变，以空透为主。

图 4-2-12　临水园宅（引自《园宅》）

# 第三节
# 平地康养园宅

　　平地康养园宅，是指在城市近郊或者平原地带建造"康养园宅"，这样的选址，一般都具有建造范围小，自然景观要素少的特点，并且常常和大片的居住建筑相结合，给康养园宅的设计提出了难题，但同时也是康养园宅存在的肥沃土壤。

## 一、平地康养园宅布局思想

　　平地康养园宅布局遵循传统园林的布局思想，首要的任务在于循自然之理，得自然之趣，体现出大自然的美的意味，使各功能空间有主有次，构造物有主有从。住宅环境达到百看不厌，虽小而不觉小，相得益彰地营造出"虽由人作、宛自天开"的园林艺术整体效果，如始建于北宋的苏州沧浪亭（图4-3-1）。

### 1. 建筑开路，统一安排

　　按照人们在康养园宅内活动的需要，合理规划各功能空间的大小和次序。

### 2. 疏密得宜

　　不平均使用地皮，将大体量建筑安排在场地的边角，以获得最大的视距，便于借景。

### 3. 曲折活变

　　曲折之妙，全在随心活变，不主观做作。人们在康养园宅空间中行进时，处处获得变动的、多点透视效果，而不是四平八稳，没有个性的空间感受。康养园宅的内外空间是一种时空结合的连续发展过程。

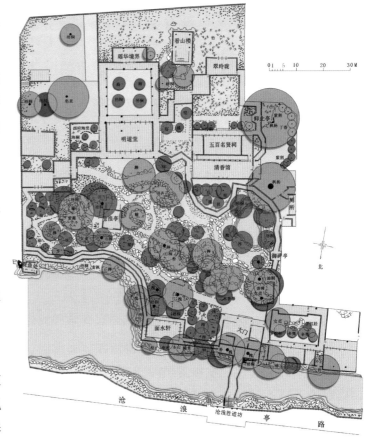

图 4-3-1　沧浪亭平面布局图及入口（梁杰绘制）（一）

图 4-3-1　沧浪亭平面布局图及入口（二）　　　图 4-3-2　边、角的处理　　　图 4-3-3　空廊

## 二、平地康养园宅的底界面处理手法

（1）突破真山水之先天不足，以人造自然条件体现真山水之意境（山贵有脉，水贵有源，善于发现场地内在和外延的自然规律）。

（2）突破园林边界规则、方正的生硬感，寻求自然意趣：

①以"之"字形游廊贴外墙布置，打破高大围墙闭塞感。

②注意边的处理，更注意"角的处理"（遮挡 90° 生硬转角）( 图 4-3-2)。

③山石绿化，作为高强的掩映。

④利用空廊 ( 图 4-3-3)、花墙、门洞与园外景色相联系。

（3）突破空间范围小的局限，实现小中见大的空间效果采用下列手法：

①利用空间的大小对比 ( 图 4-3-4) 体现空间的主次安排。

②选择合宜的建筑尺度扩大空间感受。

③增加构筑物的景深和层次。

图 4-3-4　湖南某大宅设计（设计师：何奕）

④利用空间回环相通，道路曲折变幻的手法，使空间与景色渐次展开，连绵不断，造成丰富的空间印象。如：马歇·布劳耶在巴尔的摩设计的 Hooper House( 图 4-3-5)。

⑤借景，中国古典私园的借景手法在"康养园宅"设计中同样适用。

⑥通过意境的联想来获得无穷的空间想象：任何实物的边界都是有限的，只有通过触景生情的联想，才能把人的情思带到无限的意境中去，产生无穷的空间体验，如江苏深深·深宅 ( 图 4-3-6)。

图 4-3-5　马歇·布劳 Hooper House

图 4-3-6　江苏深深·深宅 / 来建筑设计工作室 转自谷德设计网

# 第四节
# 植物与康养园宅

　　植物是造园的基本要素，是构成各种园林景观所不可缺少的一个内容。建筑与绿化的密切结合，也是我国传统园林建筑的一个优良传统。栽花植树，自然的景物被引入到了人工的建筑环境之中，显得生机盎然。绿化能够烘托、渲染康养园宅的氛围，欣赏植物在大自然的阳光和雨露中欣欣向荣，生长繁茂，开花结果的自然景象，是构成康养园宅审美的重要组成部分。

## 一、植物的特性与康养园宅的关系

　　植物是造景的重要素材，在姿态上，建筑、山石的造型线条都比较硬、直，而花木的造型线条却是柔软、活泼的，建筑、山石是静止的，云、水是流动的，而花木有风则动，无风则静，处于动静之间，它又是有生命的，蓬蓬勃勃不断生长的；在色彩上，花木有季节性，有变化。因此，把花木这种柔软的、生长变化的、动静相兼的"素材"穿插、掩映于康养园宅之中，就必然能获得生动的景观效果。其相互关系可以总结为五个方面。

　　（1）突出康养园宅的主题。传统园林中有些景点是以植物命题的，如西湖十景之"柳浪闻莺"（图4-4-1），布局开朗、清新、雅丽、朴实。种植大量柳丛衬托紫楠、雪松、广玉兰及碧桃、海棠、月季等异木名花，成为欣赏西子浓妆淡抹的观景佳地。

图 4-4-1　西湖十景之"柳浪闻莺"

（2）协调康养园宅与周围的环境。使建筑物突出的体量与生硬的轮廓"软化"在绿树环绕的自然环境之中。

（3）丰富康养园宅艺术构图（图4-4-2）。以植物柔软、弯曲的线条去打破建筑平直、呆板的线条；以绿化的色调去调和建筑物的色彩气氛。

图4-4-2　丰富康养园宅艺术构图

（4）赋予康养园宅以时间和空间的季候感（图4-4-3）。植物的四季变化与生长发育，使康养园宅环境在春、夏、秋、冬四季产生季相的变化。

（5）完善康养园宅的功能要求。以植物的种植来起到分隔空间的作用，使建筑隐蔽的作用，创造安静休的小空间的作用等（图4-4-4）。

图4-4-3　时间和空间的季候感　　图4-4-4　完善康养园宅的功能要求（三峡世家农业园，宜昌，设计师：李映彤）

## 二、康养园宅植物配置的原则

### 1. 相地得宜原则

树木配置首先要根据场地客观存在的气候、土壤条件和自然植被分布特点，尽可能保留已有的树木和绿地（特别是古树和大树），充分发挥植物的各种功能和观赏特点，合理配置，常绿与落叶、速生与慢生相结合，构成多层次的复合生态结构，达到人工配置的植物群落自然和谐。结合康养园宅设计的主题、立意，梳理植物配置，表达设计意图，体现设计意境，获得和谐共生的植物生境。

建筑给树木让路，是康养园宅植物布置遵守的基本规律。根据树木的品种与色彩，枝干与线条的造型选择相适宜的建筑造型与之搭配。如：九畹溪镇界垭村黄清龙家"风景中的廊架"（图4-4-5）。通过场地的客观条件调研，分析用户需求，构建与自然的共生方式，用当地的吊脚楼结构与门前的乔木交织，将茶廊与现代建筑造型相结合，把现代材料和工艺结构融入茶廊形态的创作中，同时拓展廊架建筑新的使用功能，合理规划其内部功能分区，使农产品风景观光、接待与品茶形成实用而有序的空间形态，设计出即能满足功能的需求，又能传承原场所的形式美感、生态效能的空间环境。

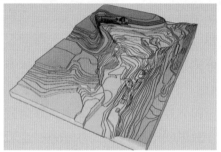
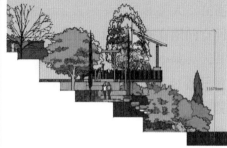

图4-4-5　风景中的廊架

## 2. 季候性原则

季候性原则要体现色彩季相变化（图4-4-6）和发挥植物本身的形体美，树木的季相变化能够体现康养园宅的时空感，并因此体现树木丰富多彩、交替出现的优美季相，做到四季各有重点。要充分利用树木变化多端的外形，应根据实际需要选择正确的配置方式，来营造康养园宅环境空间。

## 3. 经济性原则

在发挥植物主要功能的前提下，植物配置要尽量降低成本，最好能创造一定的经济价值。降低成本的途径主要有：节约并合理使用名贵树种，多用乡土树种，尽可能用小苗，遵循适地植树原则。创造经济价值主要是指种植有食用、药用价值及可提供生产、生活原料的经济植物（图4-4-7）。

图4-4-6　体现色彩季相变化　　　　　　　　　图4-4-7　生活原料的经济植物

植物同山、水一样是其不可或缺的重要元素，植物天然的色、香以及多变的姿态与四季变换的气候相呼应，成为园林中重要的景致。绿化植物分类的标准也有很多，例如，可以根据视线被阻挡的程度，将植物分为贴于地表的地被、围合或限制空间的绿篱、覆盖遮阴的高大乔木等；根据植物品种分为草坪、盆花、灌木、藤本、乔木、水生植物等；根据植物的季候相分为常绿和落叶等。

## 三、康养园宅植物的布置手法

康养园宅在植物的布置手法上，重朴实疏落，反映自然界中植物的自然景观，忌矫揉造作，不成行成排规则种植，更忌讳如陈列品似的摆布树团、树群。要因地制宜，随天然环境任其自然，主要包括三个方面：

（1）植物与建筑环境中各空间相互之间的关系（图4-4-8），要考虑树木种类、姿态的搭配组合；平面和立面的构图；色彩、季相以及景观意境。

图 4-4-8  植物与建筑环境中各空间相互之间的关系

（2）植物与其他环境要素，如山石、水体、场地相互之间的配置（图4-4-9）。按植物生态习性和康养园宅空间功能布局要求，合理的配置各种植物（乔木、灌木、花卉、草皮和可食地景等）不仅要发挥它们观赏价值，更要发挥它们的使用功能。

图 4-4-9　植物与其他环境要素相互之间的配置

（3）植物与建筑构件。

植物与建筑构件的配植是自然美与人工美的结合，处理得当，可获得和谐共生的景观效果。植物丰富的自然色彩、柔和多变的线条、优美的姿态及风韵都能增添建筑的美感，使之产生出一种生动而富有生机的活力，一种动态的均衡构图。建筑构件与植物的结合主要体现在门、窗、墙、角隅等四个方面（图 4-4-10）。

1）门。

门是出入庭院的必经之处，门和墙连在一起，起到分隔空间的作用。充分利用门的造型，以门为框，内外配植植物，与路、石等进行精细地艺术构图，不但可以入画，而且可以扩大视野，延伸视线。植物的姿态和叶片的线条可以打破门框机械的线条能起到均衡的效果。

2）窗。

充分利用窗户作为框景构造，安坐室内，透过窗框观赏庭院中的绿化植物，俨然一幅生动画面。由于窗框的尺度是固定不变的，植物却在不断生长，随着生长，体量增大，会破坏原来画面。因此要选择生长缓慢，变化不大的植物。如芭蕉、南天竺、孝顺竹、苏铁、棕竹、软叶刺葵等种类，近旁可再配些尺度不变的剑石、湖石，增添其稳固感。这样有动有静，构成相对稳定持久的画面。为了突出植物主题，窗框的花格不宜过于复杂，以免喧宾夺主。

3）墙。

墙的正常功能是承重和分隔空间。在庭院中利用墙体南面良好的小气候特点栽培一些美丽的不抗寒的植物或者观花、观果的藤本植物，继而生长成美丽的花墙，辅以各种球根、宿根花卉作为基础栽植，再利用少数乔木，一起构成墙面丰富的立体层次，倍增康养园宅的自然气氛。

4）角隅。

建筑角隅的线条生硬，通过植物配植进行缓和角隅的生硬最为有效，宜选择观果、观叶、观花、观干等种类成丛配植，也可略作微地形，竖石栽草，苔藓铺地，配以优美的花灌木组成微景观。

图 4-4-10 植物与门、窗、墙、角隅等建筑构件

图 5-1-1　通山县竹林风生态农庄康养园宅设计方案　（李映彤设计）

# 第五章

# 康养园宅设计

# 纳园入宅®

　　建筑立于天地之间，每一栋建筑一旦生成，都会成为环境的组成部分，不可避免地会产生一种关系，要么共生，融于环境；要么伫立，成为新的风景。

　　在中国传统语境中，"本"即根，既是源泉，又是规律，康养园宅的本是人与自然共生的景观居住之道；"体"是感性的显现，指形式及其反应的态度，康养园宅的体是中国传统园林形式基础上的活化，既是传承又是再生，反应在空间的具体操作上可以归纳为四个字——"纳园入宅"。

# 第一节
## 康养园宅的空间印象

　　人们在空间中游赏时对客观环境所获得的认识和感受，除了山水、建筑、花木等实体的形象、色彩、质感外，主要是通过视域范围内各边界围合所形成的空间印象而产生不同的感情反映，总结为一句话："视线被界面阻挡，从而感受到空间。"

　　康养园宅秉承以中国古典私园为代表的自然式景观居住文化思想为设计理念，因而更加强调建筑与自然环境、建筑与空间功能的连续性和互动性。中国园林建筑随形就势，诞生了诸如"半亭""折廊"等富于变化的园林建筑形式，康养园宅的空间形式同样遵循这一规律，根据其场地存在的客观条件，构建出具有多样性特质的、高颜值的建筑造型，这与我们现在所说的生态建筑设计思想是一致的，也是生态精神在居住空间形式上的体现。

图 5-1-2　大南小学改造方案

康养园宅从功能性上看，可以理解为一种绿色生态住宅形式，它和很多其他性质的生态建筑一样，具有生态性、美观性、舒适性、健康性等特点，与现代生态住宅所倡导的尊重自然，生态性设计的核心思想相一致。运用现代化的环保建筑材料，配合自然要素的引入，空间形式的造型及布局上不是为了定式的美而堆砌各种元素，而是讲究人与建筑、建筑与环境、人与环境之间各层关系的共生共处如设计师严军改造的新大南小学（图5-1-2）。

康养园宅从文化上定义，它是中国园居文化的当下显现，在现代生态型住宅设计中所提倡的人性化、生态化、功能化设计在传统园林设计中早已应用，古典园林的"天人合一""道法自然"等自然观与康养园宅的设计思想核心是一致的。当今的中国人口压力大，人均占有土地面积已经远不如古代，但是人们对自然环境的向往随着生活环境的日益恶劣变得更加强烈，如何在有限的私人住宅内纳入自然要素，享受自然乐趣，感受到生态、绿色、健康的气息，这些需求向设计提出了新的挑战，传统宅园所蕴含的生态性哲学及曲径通幽、因借、虚实等空间划分和处理手法，巧妙地在有限的空间中创造了无限的视觉心理感受，达到"芥子纳须弥"的奇妙境界，为康养园宅的空间设计及诗意化的营造提供了参考性的途径。

康养园宅不同于传统宅园，它以中国古典私家园林为蓝本，探索传统宅园文化所蕴含的生态主义精神与传统宅园文化的造景理念及技法结合，达到住宅空间内外整体性的和谐美。它吸收了中国古典园林的造园精髓，是中国古代传统自然景观居住观对现代人居住宅空间的新启示，探讨的是一种新的宜居的住宅空间形式，是人工空间与景观要素之间相互融合的，内外空间合为一体的建筑空间形式。其外观在挖掘当地的文化内涵，追求地域性特色的同时，更注重建筑文脉的传承。

康养园宅强调其形成过程中多种因素的相互影响，整体地考虑功能与形式、建造与管理、自然与社会，人与文化等各方面对建筑设计的影响。另外充分考虑落成后的康养园宅对这些因素的反作用，因为建筑内部空间和外部空间的相互作用是一种互动机制。在多元文化背景下的现代社会，重新审视现代家庭结构的生活内容和行需求，给康养园宅的设计提供了宽广的空间。

康养园宅空间印象的建立主要从以下三个方面去体验：

（1）用时间的边界审视康养园宅建筑系统与自然系统之间的相互影响。

（2）康养园宅是地球生态系统中的一个人造结构，其开放性是由人的态度所控制的，而生态系统的各要素将成就康养园宅的空间印象。

（3）地域特征与康养园宅建筑系统之间有着必然的空间关联作用。

例如美国加州维也纳路住宅（图5-1-3），这个为年轻家庭设计的居住空间，用玻璃立面和外部起居空间将住宅与周边的自然景观融合为整体。设计将住宅所在场地分为三个部分，南侧的一个单层结构容纳一个巨大的房间，东侧一个巨大玻璃面营造出住宅与泳池之间的视觉和空间联系，两个体量由一个中心下沉厨房相连，水元素将游泳池，屋顶花园，滨水植物——连接在一起，使内部空间和外部空间顺畅过渡、和谐统一。

图 5-1-3　维也纳路住宅（Vienna Way Residence）位置：美国 加利福尼亚

图片来源：筑龙学社（bbs.zhulong.com）

# 第二节

# 康养园宅空间的处理手法

　　康养园宅的空间意识和审美观念与中国传统园林一致，总是把对空间自然性的营造放在最重要的位置上。当建筑物作为被观赏的景物时，重在权衡其本身造型与周围环境的关系；而当建筑物作为观赏景物的场所和空间围合的手段时，侧重在建筑物之间的有机结合与相互贯通，营造人和内、外部空间相互作用与统一的环境。

　　康养园宅在空间处理手法上的灵活、多样。按照传统园林建筑的空间处理手法，可以从"空间的对比、空间的围透、空间的序列"三个方面进行探讨。本节以 2020 年马宇骁小组毕业设计作品《九一园》的空间处理为例进行说明。

　　《九一园》园宅空间的平面（图 5-2-1）概念及尺度生成以苏州拙政园的流线为设计切入点，分析了拙政园不同的视域节点和空间的虚实关系，选取拙政园、圆明园、网师园、怡园、留园、何园、颐和园等九个中国经典园林中的精彩局部勾画出九个 9 米 × 9 米单元，然后按照后天八卦的方位，植入并拼合成总平图，中心区域用浮天载地的水元素进行整体融合，构成九宫格的总体布局。

093

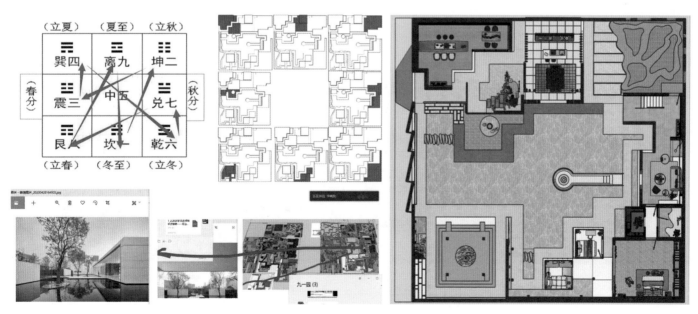

图 5-2-1 《九一园》园宅空间的平面图 马宇骁绘制

## 一、空间的对比

为营造丰富变幻的空间形式，康养园宅空间组织，经常采用对比的手法。在建筑组群中的主、次空间之间形成空间大小的对比，空间虚实的对比，规整与自由的对比。

### 1. 空间大小的对比

小空间可以是低矮的游廊，小的亭、榭，不大的小院，一个以树木、山石、墙垣所环绕的小空间，其位置一般处于大空间的边界地带，以敞口对着大空间，取得空间的连通和较大的进深。当人们处于任何一种空间环境中时，总习惯于寻找到一个适合于自己的恰当的"位置"，在康养园宅环境中，游廊、亭轩的坐凳，树荫覆盖下的一块草皮，靠近叠石、墙垣的坐椅，都是人们乐于停留的地方。人们愿意从一个小空间中去看大空间，愿意从一个安定的、受到庇护的小环境中去观赏大空间中动态的、变化着的景物。因此，布置大空间外侧的小空间，不仅衬托和突出了主体空间，给人以空间变化丰富的感受，而且也很适合于人们在游赏中心理上的需要，成为康养园宅空间处理中比较精彩的一个部分（图 5-2-2）。

### 2. 空间虚实的对比

如果把建筑物内部的空间当作"实"，山水、花木等自然要素界定的空间为"虚"，那么，亭、空廊、敞轩等建筑就成了半虚半实的空间了。康养园宅的空间就是由这些不同大小、不同形状、不同特色的"实""虚"和"半实半虚"的空间互相交织组合在一起构成的有机整体（图 5-2-3）。

图 5-2-2　空间大小的对比

图 5-2-3　空间虚实的对比

### 3. 规整与自由的对比

在空间的形体上，以规整布局的空间与自由布局的空间形成对比，也能使空间处理富于变化，并使规整空间更觉严谨，使自由布局的空间更觉活泼。一般说来，由于使用功能与心理需要，康养园宅的私密功能空间部分，多以规整的空间来组织，开放功能空间根据场地的天然特性和公共活动需要采取自由布局的形式，这样在康养园宅空间的形体上必然产生许多生动的对比变化（图5-2-4）。

康养园宅空间在大小、虚实、形体布局上的对比手法，经常互相结合，交叉运用，使空间有变化、有层次、有深度，使建筑空间与自然空间有很好的结合与过渡，以符合实用功能与环境交融的需要。

图 5-2-4  规整与自由的对比

图 5-2-5  空间的围透

## 二、空间的围透

康养园宅的空间存在一定实体的围合。没有"围"，空间就没有明确的界限，就不能形成有一定形状的建筑空间。但是只有"围"而没有"透"，空间就会变成一个个孤立的个体，也形成不了统一而完整的康养园宅空间。从人们在康养园宅中的行为来说，也要使空间有"围"有"透"，有分有合。人们总是要求有多种多样的空间领域，以适应多种多样的需要：开敞的与封闭的，肯定的与不肯定的，私密的与公共的等等。由于康养园宅主要是为了满足在大自然中生活的初心，因此，康养园宅的空间处理，应以"透"为主、以"公共性"为主（图5-2-5）。

随着现代建筑材料和建造技术的发展，给建筑的结构和造型带来了千变万化的可能性，建筑的平面布局可以相当自由，实的墙可以自由穿插、布置各个功能空间之间，灵活地分隔空间。如果需要，建筑外围的整片墙面都可以布置成连续的玻璃长窗，或干脆作成空的柱廊，非常有利于进行室内外空间的渗透与交流。空间上围、透的重点，放在建筑的外部空间与群体的组合上，空间的塑造与园林的意境相结合，空间的层次与组合适应着人们在康养园宅中生活的生理与心理上的需要，组成一个连绵不断的、有动有静的、内外交融的有机空间整体。

**1. 康养园宅墙的"围""透"**

康养园宅墙面具体处理手法是非常灵活而机动的。如作"围"的处理时，主要以实墙来分割，而实墙可以是整片的墙，也可以是不到顶的，但却阻挡了视线的半截墙，也可以在实墙上进行分割或者开着各种形式的门、窗洞口获得"围"中有"透"的方式，这种洞口有时作为面向景物的"景框"。其具体处理手法有以下一些特点：

（1）在需要"透"的墙面上，作布满整个开间或整个建筑面阔的"虚"的处理，因此这个"透"，从内向外观赏是一种连续、扁阔的视觉画面，感觉十分舒展。从外部观赏建筑物的造型，则是一种整片的"虚"与整片的"实"（白墙）的强烈对比，十分生动，很适合康养园宅的艺术需要。

（2）在需要"透"的墙面上，门、窗一般不作成洞口式的处理，而是把门、窗组合到整片的"虚"的外装修构件之中去（图5-2-6），如隔扇、落地门、窗等，以形成整体性很强的协调、统一感，没有零乱的感觉。

（3）为了增强室内外空间的流通、交融，在需要的时候，采取安全开放的处理方式，整个开间，整个立面，就是面向外部空间的巨大开口，而这个开口的上部檐口、挂落，两侧的立柱，下部的槛墙或靠椅等组成了一个以立体山水为画面的景框（图5-2-7），给人以似在室内又似在室外，似在画外又似在画中的感受。

图 5-2-6　外装修构件

图 5-2-7　立体山水为画面的景框

**2. 康养园宅外部空间的"围""透"处理**

康养园宅的外部空间是由单体建筑、墙、廊、山石、树木等景物所构成的垂直面与地面、水面、草地等构成的水平面所共同组成的。这样的外部空间有着大小、形状、高低、色彩、气氛等特征。当人们在同一个空间中活动时，由于视点位置的不断改变，空间景面的构图、大小、体形也随着视距的远近、视野的范围、视点的高低而不断地变化着。这种变化，在人们处于建筑的外部空间中时更为明显。外部的景物丰富，当视点的位置改变时，景物之间的组合关系不断变幻，这种变幻的新鲜感给人以不断的刺激与兴奋，因此，恰当地进行外部空间的"围""透"处理，就会使人处于不断变化的空间节奏之中，领略到各种空间的不同气氛，加强对康养园宅意境美的感受。

康养园宅的外部空间处理可以完全随着基地的特点，总体布局的要求，意境空间的塑造，使用功能上的联系需要而灵活变通，相机组织，没有固定不变的模式。

康养园宅外部空间的"围""透"处理虽然千变万化，但经过分析与综合后可以发现，它们都遵循着一定的设计思想，有一定规律可循，这主要表现在：

（1）当一组建筑物的外部环境中无景可借，或功能上需要隔离，而内部庭院空间又要求安静、闲适时，一般采取"外围内透"的处理手法，把人的视线与注意力集中到庭园空间的内部来。以实墙加以围绕，而其内部则分划成几个不同大小、不同形状、不同气氛的庭院空间（图5-2-8）。

（2）当康养园宅的外部空间处于自然景色的包围之中时，通常采取以"透"为主，以"围"为辅的空间处理方式。在需要观赏外景的地方，采取完全开放的布局方式，其内部庭院一般不作重点处理，而重点在于强调与外部空间的渗透与交融，使内外空间打成一片。

图 5-2-8 "外围内透"的处理

（3）当具有不同景观特色的庭园空间结合在一起时，在空间的边界上需要有所分划，但彼此的景色又要有所因借，因此空间上应该有所渗透，因而形成有"围"有"透""围透结合"的处理方式（图5-2-9），有分有合，围中有透，组成一个幽静的小院集群。群体临外部空间一侧采用云墙、假山、树木等多种自然因素来分隔内外空

图 5-2-9 "围透结合"的处理

间，这样，空间形状自由活泼，内外空间隔中有透，因借外景，群体与外部环境的结合也很自然。

### 3.康养园宅内、外空间的"围""透"处理

根据康养园宅的使用功能、基地景观的特点和朝向的不同。康养园宅内、外空间的"围""透"处理也有所不同，例如康养园宅中的卧室、书房等一些私密性较强的空间（图5-2-10），它们要求有一个静谧、不受外界干扰的环境，因此，在空间处理上一般以"围"为主，建筑的两面或三面为实体的墙所环绕，正面对着一个封闭、幽静的小院；作为公共活动的起居室、茶室则是公共性较强的使用空间（图5-2-11），空间处理上则以"透"为主，建筑物二面、三面或四面为大片的门窗。

图 5-2-10　私密性较强的空间

图 5-2-11　公共性较强的空间

中国传统园林把廊与墙作为空间分隔围透的重要手段，当需要以"透"为主，完全开敞时就使用双面空廊；当需要完全分隔时就采用一面是墙的半廊，廊子空的一面对着内部庭院空间；当外部环境有景可借时，则在半廊的实墙上开各种形式的漏窗，以便"围"中有"透"；当内外空间都有景，既要互相渗透，又要适当分隔时，就可采用里外廊（也称复廊）的形式，廊中夹墙，墙上开洞；还有用桥廊来分隔水面空间的，如拙政园小飞虹，一面是水庭，一面是延伸开去的大空间，以桥分划，桥上置廊，通透生动（图5-2-12）。廊在平面上是联系各功能空间的路径，是划分空间的区域；在立面上是空间的垂直分隔面，是立体地提供人们在内活动的空间。按廊的整体造型或其横剖面可以划分成各种类型（图5-2-13）。另外，高大的实墙或低于视点的墙垣、山石、花木或连成片的竹林、花境，都是"围透"的常用素材，把墙作成花墙，或墙上开各种形状的门窗洞口，可收到围中有透的生动效果。

图 5-2-12　通透生动的廊

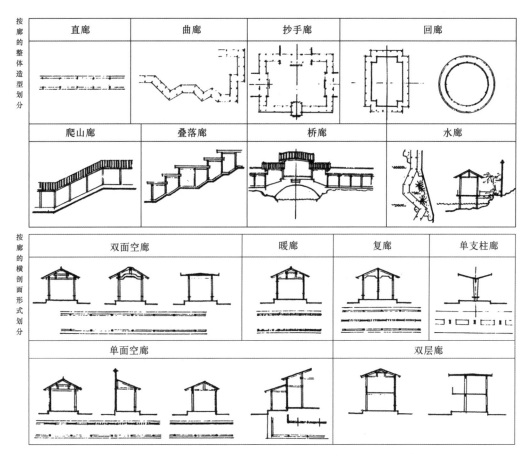

图 5-2-13　各种类型的廊（引自冯钟平《中国园林建筑》）

建筑物界面上的"透"，主要是为了把外部的阳光、空气，景色引导到室内来，从而使室内空间明朗、空气新鲜，使人的视线能不受阻挡地延伸到室外去，从而获得开放、明快、通透的视觉效果。因此，康养园宅"透"的方向，一般面向自然、有特色的风景。利用构造物来分隔空间，要因景、因环境而异，"围透"处理给人的感觉要自然而活泼，不可以有死板僵直的印象。"透"是康养园宅处理上的重点，也是康养园宅最富于表现力的地方。一切"透"的空间节点，既是感觉最为敏锐的一个视觉界面，也是空间内外互相渗透、交融的亮点。

### 三、空间的序列

人的生活节奏，也像一首乐曲，要有快慢、强弱、张弛等交替出现的变化。当人们处于空间环境中时，单调而重复的视觉环境，必然令人产生心理上的厌倦，造成枯燥乏味的感觉。人们偏爱空间的丰富变化，以引起兴趣和好奇心。因此，康养园宅的组织就要给人们的这种心理欲望以某种必要的满足。精心地组织好空间的序列，就是经常采用的一种设计手法。

将一系列不同形状与不同性质的空间按一定的观赏路线有秩序地贯通、穿插、组合起来，就形成了空间上的序列（图5-2-14）。序列中的一连串空间，在大小、纵横、起伏、深浅、明暗、开阖等方面都不断地变化着，它们之间既是对比的，又是连续的。人们观赏的园宅景物，随时间的推移、视点位置的不断变换而不断变化。观赏路线引导着人们依次从一个空间转入另一个空间。随着整个观赏过程的发展，人们一方面保持着对前一个空间的记忆，一方面又怀着对下一个空间的期待，由局部的片段而逐步叠加，汇集成为一种整体的视觉感受。空间序列的后部都有其预定的高潮，而前面是它的准备。设计师按康养园宅艺术目的，在准备阶段使人们逐渐酝酿一种情绪，一种心理状态，以便使作为高潮的空间得到最大限度的艺术效果。

康养园宅的空间序列，是一连串内部空间与外部空间的交错，包含着整座康养园宅范围，层次多、序列长、曲折变化、幽深丰富。主要表现为以下两种方式：

#### 1. 对称与规整

以一根主要的轴线贯穿着，层层院落

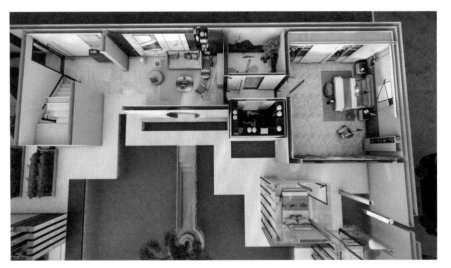

图 5-2-14 《九一园》兑、乾区域空间序列

100

依次相套地向纵深发展，高潮出现在轴线的后部，或者位于一系列空间的结束处，或者在高潮出现之后还有一些次要的空间延续下去，最后才有适当的结尾（图 5-2-15）。

### 2. 不对称与不规则

空间序列不对称、不规则形式，以布局上的曲折、迂回见长，其轴线的构成具有周而复始，巡回不断的特点。在其空间的开合之中安排有若干重点的空间，比如，"先抑后扬"的反衬手法，在入大门后通常正对着一个由影壁阻隔着的小空间，经绕行才逐步进入主要的庭院空间（图 5-2-16），产生对比效果。而在若干重点中又适当突出某一重点作为全局的高潮。"正—折—变"的空间体验，让空间引导、吸引着你，抱着逐步增强的期待心理，去迎接将会出现的高潮。

图 5-2-15 《九一园》巽位入口远眺艮位山亭

图 5-2-16 《九一园》巽位茶室区域空间序列

为增强意境的表现力，康养园宅在组织空间序列时，总是综合运用空间的对比、空间的"围""透"等设计手法，并注意处理好序列中各个空间在前后关系上的连接与过渡，形成完整而连续的观赏过程，获得多样统一的视觉效果。

# 第三节
# 康养园宅的界面设计

"依托现有山水脉络等独特风光，让城市融入大自然，让居民望得见山、看得见水、记得住乡愁"是党中央对城镇建设提出的重要指导思想；以自然之美作为创作依据的"康养园宅"正是对应了这一主旨。其设计理念源自师法自然的古典私园，通过对这种自然式景观居住思想的传承，重新审视现代家庭结构的居住方式和审美文化，对中国古典私园的造园要素进行解构重组，打造出全新的，拥有合宜尺度和美学意味的住宅。在园宅营造的众多要素里，与大地结合的界面是重要的设计内容。它是连接人工空间与自然地形的纽带，对于空间围合体而言，康养园宅的界面不仅是二维的平面形态，更是多维度的综合考量。

按照围合一个具体空间，由底界面、侧界面和顶界面这三种界面去完成方法，康养园宅的界面设计从这三个方面解读（见第一章图 1-5-4 "解读具体空间的三个界面"）。

## 一、康养园宅的底界面

底界面一般给予我们的是一种二维平面的印象，但这个二维平面仅仅是空间的形式表象之一，因为在建宅搭屋时，底界面（平面）布局是一个由内部发展贯穿至外部的影响因子，空间围合是由底界面布局生长出来的结果。所以，在营造康养园宅的过程中，底界面的布局决定了空间内容，没有思想的底界面就没有空间的格局和条理，底界面布局的确定是最具关键性的要素。

### （一）底界面的布局特征

基于中国古典私园的布局，康养园宅的底界面布局特征可以归结为："疏密有致""虚实相间""曲折通幽""层次递进"。这些特征在苏州网师园的平面布局里体现得最为集中。因此，概念作品"园宅 1 号"（图 5-3-1）以此园为例，依照其平面占地范围，等比缩小约至 36%，将"园"改为"宅"，用软件模拟空间的感受，希望能够借此比较直观地表达出"纳园入宅"（图 5-3-2）的康养园宅地界面设计基本思路。

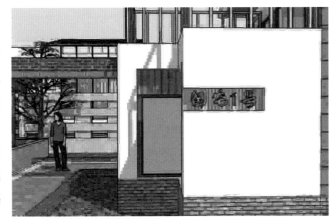

图 5-3-1　概念作品"园宅 1 号"

方案平面仍然以一面湖水为中心，将自然湖改为高出地面的泳池，增进人与水的接触；"濯缨水阁"和"苗圃"合为辅助用房，退至西南角，成为园宅的主要边界；"小山丛桂轩"成为入口和园宅内部空间的镂空构造，依然与叠石花台，老松古木构成虚渺淡隐，扩大空间，丰富景观的效果；"五峰书屋、集虚斋"等高大建筑还是园宅的制高点，只是用现代建筑形式和材料替换了；"竹外一枝轩"成为落地幕墙，延伸了水域面积；"月到风来亭"成为一个功能小品与由"轿厅、万卷堂、撷秀楼"合成的功能建筑前的瀑布形成对景，使园宅营造出更生动的动态景观；"梯云室"依然通往园宅后门。[①]

### （二）底界面的设计要素

以自然为审美标准的景观居住理念，继承并发展中国古典私园的空间格局和平面布局方法，这种对底界面形象的良善处理，可以让康养园宅在大自然里生根发芽，和谐共生。其异质同构空间构成要素，又能区别于传统意义上的园林设计，从而给康养园宅空间带来新的活力。

具体而言，康养园宅的底界面就是其建造基地的用地范围，包括自然的机理和人工处理过的各种地面铺装及建造物，也指楼层表面的铺筑层（楼面）。是构成建筑空间界面的一个重要的要素，不同的"底界面"体现不同的空间使用特性。康养园宅空间融合了多种功能性空间为一体，除了隔断及墙体对视觉起到分割空间的作用外，更可利用对地面装

---

① 网师园位于苏州市友谊路，因附近的王思巷，谐其音，喻渔隐之义，名"网师园"。总面积约 8 亩余，保留着一组完整的住宅群及古典山水园林。1997 年 12 月与拙政园、留园、环秀山庄一起被列入《世界遗产名录》，是苏州古典山水宅园的代表作品，被称为小园典范。

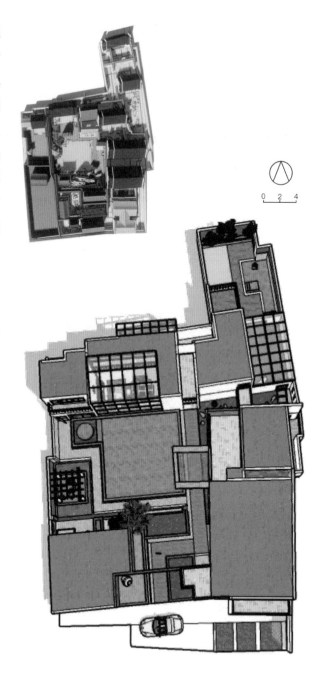

0 2 4

图 5-3-2　网师园"纳园入宅"

饰纹路的对比、变化形成心理暗示来划分空间，铺地除了具有装饰性之外，还有引导人的游行路线、分隔组织空间的作用。

### 1. 底界面设计中的色彩表现

色彩是环境主要的造景要素，是心灵表现的一种手段，它能把风景强烈地诉诸情感，从而作用于人的心理。底界面地面铺装设计的色彩更应该和植物、山水建筑或者室内装修等统一起来，进行综合设计。当然如果场地地面色彩简单，可通过线与形的变化来丰富空间的特征。

### 2. 底界面设计中的材料运用

材料的特征及使用也要求结合建筑的环境和功能。不同的材料通过精心推敲的形式、图案、色彩和起伏，可以获得丰富的环境效果，提高空间的质量。常用的材料包括天然材料和人工材料，同时铺装也包括软铺装和硬铺装。

图 5-3-3  山水比德，泰禾·红树湾院子（漳州）

### 3. 底界面的质感

铺装的美，很大程度上要依靠材料质感的美，质感的表现，必须尽量发挥材料本身固有的美，以体现出花岗岩的粗犷、鹅卵石的圆润、青石板的大方等不同铺地材料的美感。使用不同质感的铺地材料，对环境会产生很大的影响。比如，平滑的铺地会使我们加快脚步，而粗糙的铺地则会使我们的脚步放慢。

### 4. 底界面的纹样

纹样起着装饰底界面的作用，用砖铺成直线或横线的路面，可以达到增强地面设计的效果。通常，与视平线相垂直的直线可以增强空间的方向感，而那些横向通过视线的直线可以增强空间的开阔感。还有一些形式的纹样会产生更强的静态感。比如，正方形、圆形和六边形等，规则、对称的形状都不会引起运动感，而会形成宁静的氛围，适合铺装一些休闲的区域。

### 5. 底界面的尺度、光影效果

底界面铺装砌块的大小，拼缝的设计，色彩和质感等，都与康养园宅空间的尺度有密切的关系。不同的场合要选择适合的拼装方式和大小，两个邻近区的大小也要适宜。铺装色彩质感的不同，在太阳或灯光的照射下，会产生不同的效果。适合的光影会产生不同的阴影变化，也会使纹样更加突出，起到事半功倍的作用。

地面的抬升及下沉的处理能够增强空间的领域性，形成空间形态的多样化效果。

一段蜿蜒曲折、地形奇特的园路，或者是石阶更易引发人们行经的兴趣，形成一种方向的心理暗示。

跨在水流上方的小桥更是引导人们通向彼岸的心情。

康养园宅的底界面设计通过色彩、材料、质感、造型等各种因素，结合场地相应的环境、文化等要素，与山水、植物等统一起来进行综合设计，给人们带来不同的空间感受。例如山水比德在漳州的项目：泰禾·红树湾院子（图 5-3-3、图 5-3-4）的底界面设计。

**图 5-3-4　山水比德设计作品**

## 二、康养园宅顶界面的随意性与互换性

康养园宅的顶界面就是底界面上方对人的视觉产生阻挡的界面，主要指人工建造物，也可以将有意规划的树冠或大自然中星空、云彩等视觉因素纳入顶界面设计的范畴。

随着建筑构造技术及材料的发展，为建筑顶部处理提供了多变性的可能，不再局限于传统的建造工艺，即使是中式建筑的营造也不仅仅是对传统的造型及工艺照搬和复制，而是将其审美意味提炼出来，用属于本时代的新的建筑语言表达出来。康养园宅是当代建筑对传统园林文化的继承及转译，在保证住宅私密性的情况下可同时可采用玻璃构建，引入自然光，使人与自然更亲近。立体绿化工艺的发展为住宅屋顶绿化提供了新的技术及手法（图5-3-5），同时，在选择屋顶形式的处理上是需要根据周边环境，与整个城市空间和形象相符，康养园宅的美是建立在与环境的共生性上的。

图 5-3-5　屋顶绿化新技术及手法

康养园宅的自然特性决定了其空间生成的自由性及其见微知著的空间格局，康养园宅的底界面和顶界面是可以互换的，其空间的意味如同周洪涛教授在第58届威尼斯艺术双年展上的大型文本景观雕塑《方大之眼》（图5-3-6）。

图 5-3-6　周洪涛·《方大之眼》

### 三、康养园宅的侧界面

康养园宅的侧界面就是建造在康养园宅空间底界面和顶界面之间，对人的视觉产生阻挡的人工建造物，也可以称为立面构造。包括墙体、家具、植物、栅栏、大门等各种立面视觉因素。侧界面以垂直的形式出现，对人的视觉影响最大。在处理中，应与门窗、灯具、通道等要素结合起来，对其形状、质感（材料）、纹样及色彩诸多因素进行整体考虑。

一般情况下，侧界面形状横向处理可以使空间获得一种开阔博大的气氛，纵向处理能营造崇高雄伟的空间效果（图5-3-7）。侧界面的质感与人的关系十分亲密，人不但可以细细地观察侧界面的任何部位，还可以用手去抚摸它。就是说，人既可以用视觉去感知它，也可以用触觉去感受它。比如：木材织物具有明显的纤维结构，质地较松软、导热性能低，就有温暖的触感，金属、玻璃、水泥等材料表现出工业技术的力量。

在经济、技术高度发达的今天，侧界面用料也更加广泛，玻璃、轻钢龙骨、木材、布艺、纱幔、人造合成材料都可以做出形式多样的隔断，丰富空间的层次。

**图 5-3-7　侧界面的形和态**

# 第四节
# 康养园宅建筑的构造组成与结构选型

## 一、康养园宅建筑构造组成

了解建筑物的构造组成有助于在康养园宅设计过程中综合考虑使用功能、艺术造型、技术经济等诸多方面的因素，运用物质及技术手段，因地制宜地选择建筑的构造方案，彰显康养园宅的特色，提升康养园宅空间的整体艺术气质。

康养园宅的构造组成按照"三个界面"的方法解读，分为底界面的基础、楼板层、侧界面的墙和柱、顶界面的屋顶、通风采光的门窗以及联系上下空间的楼梯和电梯等附属部件六个方面。

### 1. 基础

是建筑底部与地基接触的构件，它的作用是把建筑上部的荷载传递给地基。因此，基础必须坚固、稳定而可靠。康养园宅的基础是尊重场地为前提的选择，根据场地的特色选择相应合适的建筑基础构造（图 5-4-1）。

### 2. 楼板层

楼板既是承重构件，又是分隔楼层空间的围护构件。楼板支承人和家具设备的荷载，并将这些荷载传递给承重墙或梁、柱，楼板应有足够的承载力和刚度。楼板层既是首层的顶界面又是上一层的底界面（图 5-4-2）。

图 5-4-1　基础构造　　　　　　　　　　图 5-4-2　顶界面又是上一层的底界面

### 3. 墙和柱

在传统的夯土或砖混结构建筑中，墙体既围合空间又作为承重构件把建筑上部的荷载传递给基础，其造型设计一定的局限；在框架结构建筑中，柱和梁形成框架结构系统承载建筑的负荷，墙仅仅是分隔空间的围护构件，其材料和造型具有无限的可能性。

### 4. 屋顶

屋顶也叫屋盖，是房屋最上部的围护结构，应满足相应的使用功能的要求，为康养园宅提供适宜的内部空间环境。屋顶是房屋顶界面的围合结构，受到材料、结构、施工条件等因素的影响。同时，屋顶又是建筑体量的一部分，是建筑物立面造型设计的重要影响因素，其形式对康养园宅的整体形式有很大影响，因而设计中要注意屋顶的美观问题。在满足结构上安全，构造上满足保温、隔热、防水、排水等设计要求的同时，力求创造出与环境融合又彰显业主态度、具有独特姿态的造型，如刘九三 / 刘家山舍（图 5-4-3）。随着现代建筑技术的发展，不同功能、不同结构、不同材质的屋顶将产生各种不同形式的屋顶。

### 5. 门窗

门主要用于开闭室内外空间并通行或阻隔人流，应满足交通、消防疏散防盗、隔声、热工等要求。窗主要用于采光和通风，并应满足防水、隔声、防盗、热工等要求。在康养园宅设计中，门窗是融合内外空间的重要节点，其形式和布局有别于普通建筑，应该根据场地具备的客观环境，结合景观居住的思想和传统园林的审美法则进行艺术性创新发挥。

### 6. 楼梯和电梯等附属部件

这是建筑中上下空间的交通联系部件，楼梯应有足够的通行能力，并做到坚固耐久和满足消防疏散安全的要求。电梯是楼梯的机电化形式，是空间的垂直运输工具，方便快捷，但不适用于消防疏散。附属部部件如：阳台、雨篷、台阶、坡道、烟囱等，都是康养园宅的构造组成部分。

### 二，康养园宅建筑结构选型

康养园宅的结构和传统建筑结构一样，都是由基础、墙柱、屋顶、门窗等建筑构造形成的具有一定空间功能，并能安全承受建筑物各种正常荷载作用的骨架结构。康养园宅的结构选型是针对康养园宅空间的主体构造方式而言的，参考现代建筑的结构分类，从所用材料和承重体系两个方面进行讨论。

图 5-4-3　墙柱、屋顶（刘九三 / 刘家山舍）、门窗、楼梯等

## （一）按所用材料分类

建筑物以其使用材料类型的不同，可以分为砖木结构、砖混结构、混凝土结构和钢结构四大类。

### 1. 砖木结构（图 5-4-4）

用砖墙、砖柱、木屋架作为主要承重结构的建筑，像大多数农村的屋舍、庙宇等。这种结构建造简单，材料容易准备，费用较低。

另外，也有以木材为主材料制作的木结构，由于受自然条件的限制，一般仅在山区、林区和农村有一定的采用（木楞房）。

### 2. 砖混结构（图 5-4-5）

砖混结构是以砖墙、砖柱和钢筋混凝土楼板、屋顶承重构件作为主要承重结构的建筑。是在住宅建设中建造量最大、采用最普遍的结构类型。

由于砖的生产能够就地取材，因而房屋的造价相对较低。但砖的力学性能较差，承载力小，房屋的抗震性能不好。设计中通过圈梁、构造柱等措施可以使房屋的抗震性能提高，但一般只能建造 7 层以下的房屋。砖混结构的房屋的承重墙厚一般为 370mm 或 240mm，占用房屋的使用面积，使房屋的有效使用率变小，特别是砖混结构的房屋的楼板较多采用预应力空心楼板，房屋开间受到结构的限制，不能设计的太大，空间布置不灵活。

图 5-4-4 砖木结构

图 5-4-5 砖混结构

### 3. 混凝土结构

混凝土结构是以混凝土为主要建筑材料的结构，混凝土产生于古罗马时期，现代混凝土的广泛应用开始于19世纪中期，随着生产的发展，理论的研究以及施工技术的改进，这一结构形式逐步提升及完善，得到了迅速的发展。

建筑的主要承重构件包括梁、板、柱全部采用钢筋混凝土结构，此类结构类型主要用于大型公共建筑、工业建筑和高层住宅，包括素混凝土结构、钢筋混凝土结构和预应力混凝土结构。钢筋混凝土建筑里又有框架结构、框架—剪力墙结构、框—筒结构等。

特别是现浇钢筋混凝土结构，如：迹·建筑事务所（TAO）山东省荣成项目——天鹅湖湿地公园景观廊及观鸟塔（图5-4-6）。整体刚性好，抗震性强，防水性能好，适用于平面布置不规则的楼面、防水要求高的楼面（如卫生间、厨房等）等。经济性较高，用户可以比较随意的根据自己的需要灵活分割布置空间。非常适合"康养园宅"的结构选型。

图 5-4-6  景观廊及观鸟塔·迹·建筑事务所

### 4. 钢结构（图5-4-7）

钢结构是指建筑主要构件是用钢材料建造的结构，包括悬索结构。它自重轻，能建超高摩天大楼；又能制成大跨度、高净高的空间，特别适合大型公共建筑。主要用于大跨度的建筑屋盖（如体育馆、剧院等）、吊车吨位很大或跨度很大的工业厂房骨架和吊车梁，以及超高层建筑的房屋骨架等。缺点是钢材易锈蚀，耐火性较差，价格较贵。

钢结构材料质量均匀、整体刚性好、强度高；变形能力强，能很好地承受动力荷载；构件截面小、自重轻，可焊性好，制造工艺比较简单，建筑工期短，工业化程度高，便于工业化施工，进行程度高的专业化生产，是康养园宅未来值得研究发展的结构之一。

图 5-4-7　钢结构

## （二）按结构承重体系分类

建筑物以其承重体系类型的不同，可以分为：墙承重结构、排架结构、框架结构、筒体结构、大跨度结构和其他特殊结构。

### 1. 墙承重结构（图 5-4-8）

用墙体来承受由屋顶、楼板传来的荷载的建筑，称为墙承重受力建筑。如砖混结构的住宅、办公楼、宿舍等，适用于多层建筑（筒子楼）。

### 2. 排架结构（图 5-4-9）

采用柱和屋架构成的排架作为其承重骨架，外墙起围护作用。

图 5-4-8　墙承重结构

图 5-4-9　排架结构

### 3. 框架结构（图 5-4-10）

框架结构是以柱、梁、板组成的空间结构体系作为骨架的建筑。空间分隔灵活，自重轻，具有可以灵活地配合建筑布置的优点，利于安排较大的空间；框架结构的梁、柱构件易于标准化、定型化，便于装配，缩短施工工期；框架结构的整体性、刚度较好，设计处理好也能达到较好的抗震效果，而且可以把梁或柱浇注成各种需要的截面形状，是"康养园宅"结构选型的首选。

常见的框架结构多为钢筋混凝土建造，多用于 10 层以下建筑。在高层建筑中采用"框架——剪力墙结构"，即在框架结构中设置部分剪力墙（楼板与墙体均为现浇或预制钢筋混凝土结构），使框架和剪力墙两者结合起来，发挥了剪力墙和框架各自的优点，共同承载建筑的垂直负荷，抵抗建筑的水平荷载。

图 5-4-10　框架结构

### 4. 筒体结构（图 5-4-11）

筒体结构是采用钢筋混凝土墙围成侧向刚度很大的筒体，其受力特点与一个固定于基础上的筒形悬臂构件相似。常见有框架内单筒结构、单筒外移式框架外单筒结构、框架外筒结构、筒中筒结构和成组筒结构，一般用于高层或超高层建筑。

114

图 5-4-11　筒体结构

图 5-4-12　大跨度结构

## 5. 大跨度结构（图 5-4-12）

空间跨越横向跨越 60 米以上的各类大跨度结构形式的建筑。包括悬挑结构、折板结构、壳体结构、网架结构、悬索结构、充气结构、篷帐张力结构等结构类型。该类建筑往往中间没有柱子，而通过网架等空间结构把荷重传到建筑四周的墙、柱上去，如体育馆、游泳馆、大剧场等。他们所围合的区域给康养园宅空间的处理带来足够的操作余地。

## 6. 其他特殊结构（图 5-4-13）

新夯土、竹木、洞穴、气膜（如北爱尔兰古老森林中的透明泡泡）、装配式结构、3D 打印等用特定的材料、建造技术或者根据特定的环境形成的已知或未来的建筑结构。给康养园宅空间设计带来无穷的想象力。

全球著名酒店设计公司 WATG 在芝加哥的建筑师团队用 3D 打印技术设计了一个由碳纤维和塑料混合的自由形态 3D 打印住宅，被称为——"曲线的诱惑"。3D 打印房屋在形状、尺寸和材料选择上有很大弹性，潜力巨大，是康养园宅未来重点关注的结构选型。

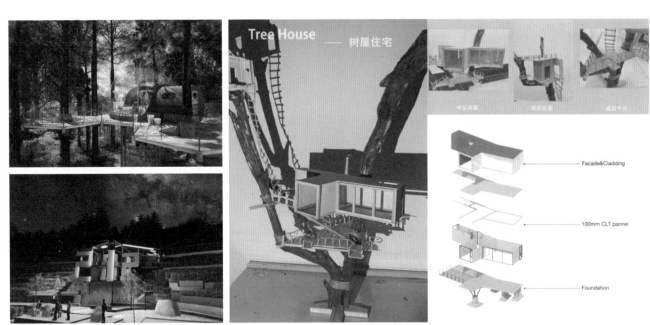

图 5-4-13　特殊结构

　　结构是建筑建造的基础，也是建筑空间的重要组织手段，二者的关系可以有两种不同的态度：一种是结构主导型，即采用一定的结构去构成并围合所需的各类空间；另一种是空间主导型，是以既定空间造型或者空间功能为基础，去选择适宜的结构来达成空间效果或满足空间使用的要求。

　　古语说"意在笔先""法无定式"，康养园宅追求自然，注定其结构选型是要根据居住者的需求、场地的自然属性以及建造材料、工艺的条件进行系统、创新的结合，是康养园宅设计需要研究的一项重要课题。

# 第五节
# 康养园宅景观要素

传统宅园的造景要素因当时的条件，主要以自然界存在的"叠山、理水和景观构造物"为主。随着现代科学技术的发展，除了继承传统的营造方法之外，也给人造"叠山、理水和景观构造物"的带来了新的形式和手段，为"康养园宅"的造景提供更丰富的可能。

## 一、山石景观

中国古代造园家们在长期的造园实践中，山石景观称为叠山，包括假山与置石两个部分，以土、石等为材料，以自然山水为蓝本加以艺术提炼和夸张变形，是人工再造自然景物的一种。

### （一）石料种类

传统造园常用的石材大致有：湖石、房山石、灵璧石、黄石、英石、宣城白石、青石、石笋和其他石品，诸如木化石、松皮石、石珊瑚、黄蜡石和石蛋等。

### （二）相石

叠山是指用土、石等为材料人工堆砌起来的山，从真山演绎而来，按照大自然山体的脉络，再现真山的意境。要达成这个目的，首先要对现场或者将要用到的石材进行品读，反复观察，岩石由于地理、地质、气候等复杂条件，化学成分和结构不同，在石形姿态、纹样肌理和色彩上也有很大差异。区别不同质地、纹理和体量，要根据康养园宅的设计概念，因材施用，运筹造型。

图 5-5-1　绩溪博物馆置石

比如竖向石料比较适合表现山峰的挺拔、险峻；横向石形具有稳定的静态美；斜向石料适合表现危岩的山体效果；不规则曲线纹理的石材对表现水景、叠瀑更具有动态美。

另外，石料的颜色对人的心理和生理的感受也是不可忽视的重要环节，不同的人对于色彩的感觉都会有差异，还要根据业主喜好来选择不同色泽的石料。

近年来，随着城市园林化，园林叠山造景材料的需求大量增加，而自然界可用材料是有限的，现已开发出的叠山材料，如混凝土景石，硅制作的人造石，用煤研石在车间生产形形色色的铸石等，都已得到广泛的应用。FRP（玻璃纤维强化塑胶，俗称玻璃钢）塑山、GRC（玻璃纤维强化水泥）假山造景、CFRC（碳纤维增强混凝土）塑石等山石施工工艺也逐步普及，给康养园宅的山石景观设计、制作带来无限的空间。

### （三）置石

置石是以石材或仿石材料布置成庭院岩石景观的造景手法。置石可以充分发挥它的挡土、护坡、种植床或器设等实用功能，用来点缀庭院空间。置石的特点是以少胜多，以简胜繁，用简单的形式，体现较深远的意境和艺术效果，如：绩溪博物馆庭院（图5-5-1）。

图5-5-2　特置、对置、散置

### 1. 特置

特置石又称为孤赏石，即用一块出类拔萃的山石来造景，也有将两块或多块石料拼接在一起，形成一组完整的孤赏石。特置山石常用作入门的障景和对景，或置于视线集中的廊间、天井中央、漏窗后部、水边、路口或道路转折部位。古典园林中的特置山石常镌刻题咏和命名，其布置的要点是相石立意，使山石融入环境，成为空间的话题。

### 2. 对置

对置是以两块山石为组合，相互呼应的置石手法，常立于庭院门前两侧或立于庭院道路两侧。在建筑前方沿建筑中轴线两侧作对称布置的山石，以陪衬环境，丰富景色。对置山石的要求、工法可仿效特置石，主要追求对称美。对置山石在数量、体量及形态上无须完全对等，可立可卧，可仰可俯，只求在构图上的均衡和在形态上的呼应，这样能给人以稳定感。

### 3. 散置

散置即用少数几块大小不等的山石，按照艺术审美的基本原则搭配组合，或置于门侧、廊间、粉壁前，或置于坡脚、池中、岛上，或与其他景物组合造景，创造出多种不同的景观。散置山石的经营布置也借鉴传统书画作品、讲究置陈、布势。石料虽星罗棋布，仍气脉贯穿，有一种韵律美。散置对石料的要求相对比特置低一些，组合强调一个"活"字，切忌排列成行或左右对称。散置可以独立成景，也与山水、建筑、树木联成一体，增加空间重量、烘托环境的气氛（图5-5-2）。

## 二、水景观

水，无论是小溪、河流、湖泊、还是大海，对人们都有一种天然的吸引力。自然界中的水景让我们感觉恬静安详。从古至今，水景都是造园不可或缺的组成部分，水已成为梦想和魅力的源泉（图5-5-3）。自然风景中的江湖、溪涧、瀑布等，具有不同的形式和特点，古代匠师长期写仿自然，叠山理水，创造出自然式的风景园，并对自然山水进行概括、提炼和再现，积累了丰富的经验，这是康养园宅水景观设计手法的源泉。掘地开池还有利于庭院排蓄雨水，并产生调节气温、湿度和净化空气的作用，还能为庭院浇灌花木和防火提供水源。本节康养园宅的水景观结合现代建造技术和材料，从人工水体形式和装饰水景、小品两方面进行引述。

图 5-5-3　魅力的源泉

## （一）人工水体形式

根据"康养园宅"空间的不同，采取多种手法进行引水造景（如生态水池、浅水池、瀑布、跌水、溪流及泳池等），在场地中有自然水体的景观要保留利用，进行综合设计，使自然水景与人工水景融为一体。

### 1. 生态水池（图 5-5-4）

生态水池是既适于水下动植物生长又美化环境、调节小气候、并供人观赏的水景。在住宅庭院里的生态水池多饲养观赏鱼虫和习水性植物、如鱼草、芦苇、荷花及莲花等，营造动物和植物互生互养的生态环境。

生态水池的池底、池壁与池顶为了保证不漏水，宜采用防水混凝土，并采用防水材料。为了防止裂缝，应适当配置钢筋，有时要进行配筋计算。大型水池还应考虑适当设置伸缩缝、沉降缝，这些构造缝应设止水带，用柔性防漏材料填塞，如沥青、防水卷材等（图 5-5-5）。

水池池壁起维护的作用，要求防漏水，与挡土墙受力关系相类似，分为外壁和内壁，内壁做法同池底，并同池底浇注为一体。池顶是指强化水池边界线条，使水池结构更稳定，用石材压顶，其挑出的长度受限，与墙体连接性差，使用钢筋混凝土作压顶，其整体性好（图 5-5-6）。

图 5-5-4　生态水池

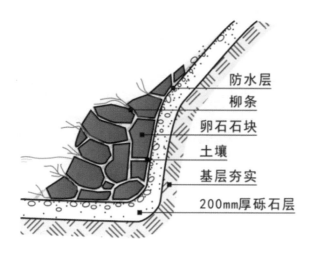

防水层
柳条
卵石石块
土壤
基层夯实
200mm厚砾石层

图 5-5-5　自然式生态水池构造

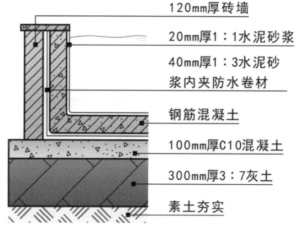

120mm厚砖墙
20mm厚1：1水泥砂浆
40mm厚1：3水泥砂浆内夹防水卷材
钢筋混凝土
100mm厚C10混凝土
300mm厚3：7灰土
素土夯实

图 5-5-6　人工式生态水池构造

## 2. 浅水池

一般深在 1m 以内者，称为浅水池，也包括儿童戏池和小型游泳池、造景池、水生植物种植池、鱼池等。由于水池很浅，水对池壁的侧压力较小，因此在设计中一般无须考虑水压，只要用砖砌 240mm 墙作池壁，并且做好防渗漏结构层的处理，就可以达到安全使用的目的（图 5-5-7）。

121

图 5-5-7　浅水池

### 3. 跌水

跌水是模仿自然景观，采用天然石材或仿石石材设置呈阶梯式的多级跌落瀑布（图5-5-8）。

### 4. 瀑布

康养园宅中的瀑布是根据水体的落差，对落水口的山石作沟槽（图5-5-9）、卷边处理，凿出细沟，使水流呈丝带状滑落的状态。按照人们对瀑布的喜好形式不同，表达的题材及水环境的不同，瀑布的展现形式多姿多彩。同一条瀑布，如瀑布水量不同，就会演绎出从宁静到宏伟的不同气势。尽管循环设备与过滤装置的容量决定整个瀑布循环规模，但就审美效果而言，瀑布落水口的流水量（自落水口跌落的瀑身厚度）是设计的关键。庭院内瀑布瀑身厚度一般在10mm以内，瀑布的落高越大，所需水量越多。

图5-5-8　跌水

### 5. 溪流

是水景中富有动感和韵味的水景形式，其形态应根据环境条件、水量、流速、水深、水面宽和所用材料进行合理的设计，其中，人造装置在溪流中所起到的效果比较独特，溪流配以水生植物、山石可充分展现出小环境所营造出的自然风韵（图5-5-10）。

溪流分可涉入式和不可涉入式两种。可涉入式溪流（图5-5-11）的水深应小于0.3m，以防止儿童溺水，同时水底应做好防滑处理。不可涉入式溪流宜种养适应当地气候的水生动植物，增强观赏性和趣味性，溪流配以山石可充分展现其自然风格。

溪流的坡度应根据地理条件及排水要求而定。普通溪流的坡度宜为0.5%，急流处为3%左右，缓流处不超过1%。溪流宽度宜在1～2m，水深一般为0.3～1m左右，超过0.4m时，应在溪流边采取防护措施，如石栏、木栏、矮墙等。

图5-5-9　瀑布

图5-5-10　溪流

122

### 6. 泳池

泳池的初衷通常是出于休闲的需要，而不仅仅是建一处水景，因而泳池的视觉效果与鱼池、莲花池也迥然不同。泳池水景要营造一个让居住者在心理和体能上的放松环境，同时突出人的参与性特征。泳池的造型和水面也极具观赏价值。

随着压力喷浆技术的成熟，现代的钢筋混凝土游泳池已呈现出千姿百态的形状，泳池底部与侧壁采用马赛克铺贴或者用大理石来装饰（图5-5-12），泳池深度根据需要来设定，一般不超过2m。

泳池最需要注意的就是安全。如果游泳池周围没有围栏或相应设施，就会对小孩或老人构成潜在危险。康养园宅的泳池平面不宜做成正规比赛用池，池边尽可能采用优美的曲线，以加强水

图5-5-11　可涉入式溪流

的动感。游泳池根据功能需要尽可能分为儿童泳池和成人泳池，儿童泳池深度为0.6～0.9m为宜，成人泳池为1.2～2m。儿童池与成人池可以统一考虑设计，一般将儿童池放在较高位置，水经阶梯式或斜坡式跌落流入成人泳池，既能保证安全又可丰富游泳池的造型。游泳池池岸必须做圆角处理，铺设软质渗水地面或防滑地砖。泳池周围多种灌木和乔木，并提供休息和遮阳设施，有条件的庭院可设计更衣室和供存放野餐设备的区域。根据场地拥有的外部环境，无边界泳池是值得考虑的首选。

图5-5-12　泳池、泳池底部与侧壁

## （二）装饰水景、小品

装饰水景起到赏心悦目，烘托环境的作用，这种水景往往构成环境景观的中心。装饰水景是通过人工对水流的控制（如排列、疏密、粗细、高低、大小、时间差等）达到艺术效果，并借助音乐和灯光的变化产生视觉上的冲击，进一步展示水体的活力和动态美，满足人的亲水要求（图 5-5-13）。

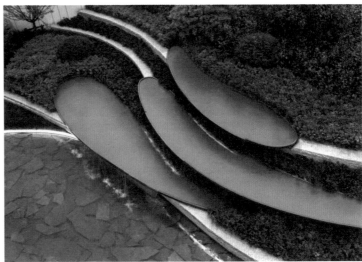

图 5-5-13　装饰水景

（1）滴泉与壁泉（图 5-5-14 和图 5-5-15）。

在庭院局部墙壁上安装鱼、蛙、龙、兽甚至人面的吐水雕塑小品，引水管于其口中，作细流吐水，就成了壁泉。或者将水量调节到很小，使水断断续续地滴下，在庭院中造成滴滴嗒嗒、叮叮咚咚的声响效果，即成滴泉。

1）墙壁型。在人工建筑的墙面，不论其凹凸与否，都可形成壁泉，可设计成具多种石砌缝隙的墙面，水由墙面的各个缝隙中流出，产生涓涓细流的水景。

2）山石型。人工堆叠的假山或自然形成的陡坡壁面上有水流过就能形成壁泉。最具特色的是以方块石材堆

图 5-5-14　滴泉

叠的假山壁泉，景面宽阔、造型刚劲、气势磅礴，以人工几何形的造型，表现出大自然的寓意，只是注意这种造型要与周边环境的色调保持一致。

（2）喷泉（图5-5-16）。

喷泉又被称为水雕塑，是一种将水或其他液体经过一定压力通过喷头喷洒出来，且具有特定形状的组合体，可以是单个喷泉，也可以是喷泉群。在空间中多为视线的焦点，也可以喷泉作为垂直界面围合成独特的喷泉空间。自然界的喷泉是地下承压水的地面露头，作为康养园宅景观要素的喷泉一方面要充分利用自然的客观条件，更多的是为了造景需要，用水泵提供水压的具有装饰性的人工喷水装置。

（3）盆池（图5-5-16）。

盆池是一种最古老，而且投资最少的水池，适用于屋顶花园或小型庭院。盆池在我国其实也早已被应用，木桶、瓷缸都可作为盆池，种植单独观赏的植物，如碗莲、菖蒲等，也可以欣赏水中鱼虫，常置于阳台、天井或室内阳面窗台。预制盆池是随现代工艺与材料的发展而出现的，价格比较昂贵，但使用方便，预制盆池的材料有陶瓷、石材、玻璃纤维、塑料。这类水池形状各异，且常设计成可种植水际植物的壁架。有了预制盆池后，只需在地面挖一个与其外形、大小相似的穴，去掉石块等尖锐物，再用湿的泥炭或砂土铺底，将水池水平填入即可。

人工山、水及装饰水景、小品是康养园宅空间构成的不可或缺的组成部分，随着现代材料、工艺技术的发展和具体空间的特殊需要，将会涌现出各种创新的软质和硬质的景观形式，与康养园宅的空间交织在一起，成为具有传统园林审美意味的环境综合体（图5-5-17）。

图 5-5-15　喷泉

125

**图 5-5-16 喷泉、盆池**

**图 5-5-17 环境综合体**

### 三、硬质构造景观 ( 图 5-5-18)

　　硬质构造景观是"康养园宅"设计的细节所在，阿尔瓦·阿尔托曾说："即便是最普通的砖，只要应用得当，它也将成为构成人类最有价值、最显著的纪念碑的元素，也将会创造出幸福安宁的环境"。材料是构筑物呈现艺术美感的载体，也是设计思想通过构筑物内在外化的结果，不同的材料有其自身的特性，对材料的选择及运用则关系到设计作品的态度。材料除了具有自身的特点之外，它与人之间也有着一种主客观相互影响的关系，人们发现并运用着材料，而材料的运用会反过来影响整个构筑物的艺术造型，从而进一步影响人的心理，影响"康养园宅"的整体效果。通过各种材料的应用、各种造型的创作，构筑出"康养园宅"色的雅致和光的意境，使"康养园宅"的功能关怀和人的内心产生深层次的情感体验。

包括各种地面构造及铺装、田埂、护栏、藤架、家具、种植容器、树池 / 树池箅、雕塑及装置小品等。

图 5-5-18　硬质构造景观

# 第六节
# 康养园宅设计程序

任何一个设计都是一项系统的工程，设计程序有时也称为"问题解决的过程"，表现为具有一定规律的设计步骤，这些设计步骤是设计工作者长期实践的总结，被国内外建筑师、规划师、园林建筑师用来帮助解决设计问题。其作用在于：为创作设计方案提供一个合乎逻辑的、条理井然的设计计划；提供一个具有分析性和创造性的思考方式和顺序；有助于保证方案的形成与所在地点的情况和条件（如基地条件、各种需求和要求、预算等）相适应；便于评价和比较方案，使基地得到最有效的利用；便于听取使用者的意见，为公众参加讨论方案创造条件。

康养园宅是乡村振兴战略下一种创新的城乡融合的生态居住空间，其设计所包括的范围很广，既有微观的，如庭园、花园、菜地、建筑内外部空间等；又有宏观的，如城镇的环境空间、风景名胜区环境空间等的考量。一项优秀的康养园宅设计的创作成功，除靠业主和设计师的素质、创造力和经验之外，还要借助于有效的设计方法和步骤。

## 一、设计前的调研和现场勘察

设计前的调研和现场勘察，是一项相当重要的工作。采用科学的调研方法取得原始资料，作为设计的客观依据，是设计前必须做好的一项工作。它包括：了解设计任务书、调研和分析、走访使用者和相关单位、拟订项目概念等工作。

### （一）设计任务书

设计程序的第一步是了解设计任务书。设计任务书是设计的主要依据，一般包括场地所属区域的上位规划、设计规模、项目和要求、建设条件、基地面积（通常有由城建部门所划定的地界红线）、建设投资、设计与建设进度，以及必要的设计基础资料（如区域位置、基地地形、地质、风玫瑰、水源、植被和气象资料在园林景观入等）和风景名胜资源等。在设计前必须充分掌握设计的目标、内容和要求（功能的和精神的），熟悉地方民族及社会习俗风尚、历史文脉，地理及环境特点，技术条件和经济水平，了解项目的投资经费状况，以便正确地开展设计工作。

## （二）调研和分析

了解设计任务书后，设计者要取得现状资料及其分析的各项资料，在通常的情况下，需进行现场踏勘。

### 1. 调研基地现状平面图

基地现状平面图调研包括下列资料：

①基地界线（地界红线）；

②房屋（表示内部房间布置、房屋层数和高度、门窗位置）；

③户外公用设施（水落管及给水排水管线，室外输电线、空调和室外标灯的位置）；

④毗邻街道；

⑤基地内部交通（汽车道，步行道，台阶等）；

⑥基地内部垂直分隔物（围墙，栅栏、篱笆等）；

⑦现有绿化（乔木、灌木、地被植物等）；

⑧有特点的地形、地貌；

⑨影响设计的其他因素。

### 2. 基地现状分析

完成基地现状平面图以后，要对进行基地的调研情况进行分析，熟悉基地的潜在可能性，以确定或评价基地的特征、问题和潜力，并研究采用什么方式来适应基地现有情况，才能达到扬长避短，发挥基地的优势。

在这项工作中，需要很多的调研记录和分析资料。通常会把这些资料标注在基地平面图中。对每种情况既要有记录也要有分析，这对调研工作是非常重要的。记录是记载客观情况，标注特点位于何处等，分析是对情况的价值或重要性作出评价和判断。

### 3. 和使用者和相关单位进行交流

交流是把设计思想转化为视觉的、图表的、文字或数字的过程，在基地调研和分析之后，设计者需要向走访使用者和相关单位征求意见，与业主、专家或公众进行交流，根据项目涉及的参与方的数量，共同讨论项目过程中涉及的敏感问题，使设计问题能得到圆满解决，并能使设计能正确反映使用者愿望和相关单位的限制条件，满足使用者的基本要求。

## 4. 拟订项目概念

项目概念是设计方案包含和考虑的各种组成内容和要求，通常以项目提案的形式表达，通常由两部分构成：

（1）设计纲要，纲要相当于"基地调研、分析""走访使用者和相关单位"两步骤中所得结果的综合概括，理清并预判设计必须达到目的。在比较不同的设计处理时，它起对照或核对的作用。纲要可提醒设计者需要考虑什么、需要做什么。当研究一个设计或完成一个设计方案时，纲要还可帮助设计者检查或核对设计，看看打算要做的事情是否如实达到要求、设计方案是否考虑全面、有否遗漏等，相当于设计概念的文字化表述。

（2）项目概念报版（图 5-5-1），报版的内容一方面包含了设计方与项目实施方对前期沟通工作的总结和达成的共识，另一方面是根据纲要前提下，针对场地所做的方案示意图和参考图，相当于设计概念的图形化表述，是进行下一步图纸设计工作的基础。

图 5-5-1　项目概念报版

## 二、设计图纸操作过程

设计图纸一般可分为：功能分析图；方案构思草图；方案效果图；施工图四个步骤。

### （一）功能分析图

功能分析图是设计阶段的第一步，在此设计阶段将要采用图析的方式，根基地的条件着手研究设计的各种可能性。它要把研究和分析阶段所形成的结论和建议图示化。在整个设计阶段中，先从一般的和初步的布置方案进行研究（如基地分析功能图析和方案构思图析），继而转入更为具体深入的考虑。功能分析图是采用图解的方式进行设计的，其形式通常称为"气泡图"，气泡的大小代表空间的面积，气泡和气泡之间的关系代表空间的关系。以抽象的图解方式安排功能和空间，功能分析图应表示（图5-5-2）：

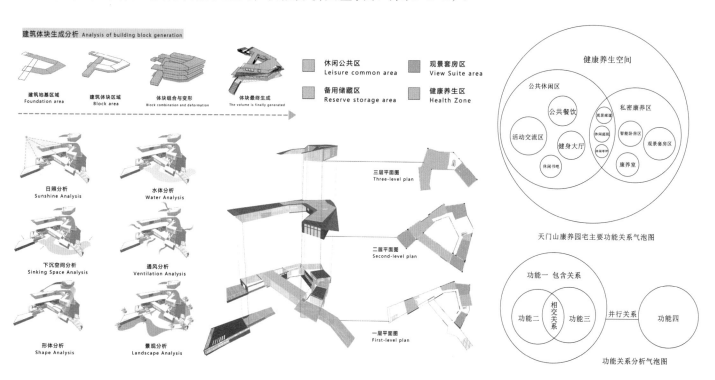

图5-5-2 功能分析图

（1）以简单的"气泡"表示拟设计基地的主要功能、空间；

（2）功能、空间相互之间的距离或邻近关系；

（3）各个功能、空间围合的形式（即开敞或封闭）；

（4）引入各功能、空间的景观视域；

（5）功能、空间的进出点；

（6）除基地外部功能、空间以外，还要表示建筑内部功能、空间。

所有功能空间都应根据基地特征在红线范围内得到恰当的安排。功能分析图是在基地调研分析图的基础上进行的，现在基地分析功能图中，不同区域与功能空间取得联系和协调，使设计者根据基地的可能和限制条件，来考虑设计的适应性和合理性。

**（二）方案构思草图**

方案构思草图是设计师再展开设计创意工作过程中协助思维和迅速表达思维的重要语言。特别是在创意与总体规划阶段，方案构思草图由于其简便抽象和表达过程的手脑联动性与相互作用的关系，对激发设计创意的广度和探索深度起到了重要的作用。

**1. 方案构思草图的内容**

方案构思草图在设计内容和图像的想象上更为深化，在功能分析图中所划分的区域基础上，再分成若干较小的特定用途和区域。此外，所有空间和组成部分的区域轮廓和其他的抽象符号均应按一定比例绘出（通常用1:100 的比例）。方案构思图不仅要注释各空间和组成部分，而且还要标注各空间和组成部分的设计高度和有关设计的注解。

方案构思草图是一种视觉化、概念化的绘画，是记录和表达对象以及自我感受的一种形式，草图虽是手绘，却是艺术设计人重要的思维方式和创意创作过程，是与潜在艺术意象群产生通感桥梁。意象群是艺术人日常积累在其心灵深处的艺术宝藏，像滋润万物的地下水一样埋藏于地下深处，当被自然引导流淌出来就是清澈甘甜的山泉，手绘草图也如这涓涓细流，从创作者和艺术设计人的大脑中流淌出来形成流畅的线条，泼洒涂鸦成色调。这种草图画面随即反馈到创作者的大脑，激发创作者更多的灵感，调动起创作者更高的热情和智慧，从而引发大脑的激荡。草图能让创造性意象在画中迸发，在冷静思考中成熟。

方案构思草图通常用于设计是个人独立思考与设计师团队间交流的过程中。虽然大多草图沟通并不展示于公众，但由于其注意思维过程，表达自如及时，在设计过程中起着举足轻重的作用，可以说是设计精神的体现。从某种意义上来讲，方案构思草图形成的过程就是设计方案形成的过程。设计草图着重设计思维的发展进程性，同时还包含了向具体工程图转化的实用性和多重性（图5-5-3）。

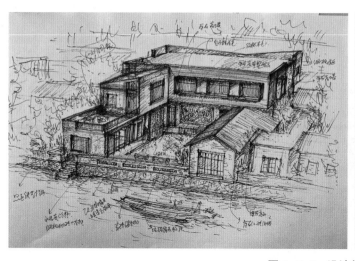

园
养
宅

康养园宅设计

### 2. 方案构思草图的绘图语言

方案构思草图的绘图语言是点、线、面、图形与符号的自由结合。

①点：通常用来表达设计空间的节点关系等。

②线：表现空间、形态轮廓，材质填充、流向设计等。

③面：表现体积的比例、色彩体面、明暗关系等。

④图形与符号：各种行业内达成共识的形态标识和抽象符号等。

### 3. 方案构思草图的特点

方案构思草图主要体现设计思维中的创意理念、空间界面、色彩、外部内部的总体形态和结构等雏形，注重保留图画中体现设计思维肯定与否定的过程，具有表达随意即兴，表现材料多样和激发创意的特点。

方案构思草图的性质蕴藏了设计思维的原创性，图画表现方式随设计的个人风格而定，通常使用简洁的线条和色块语言，绘制方式也非常自由，但都以表达和映射设计师头脑中迸发的实际灵感为中心。

方案构思草图是集智慧、经验、手法、技巧于一体的重要表现形式，一张高水准的草图，哪怕是用笔寥寥，也可能得到行家的认可。在草图的不断揣摩和演进中，使方案趋于完美，这也是建筑师提高自身修养，增进智慧、经验、手法、技巧的一个过程。

图 5-5-4　设计师严军的方案效果图

### （三）方案效果图

效果图是最能直观的、生动地表达设计意图，将设计意图以最直接的方式传达给观者方法，从而使观者能够进一步的认识和肯定设计理念与设计思想的表现图。

在进入这一步骤之前，设计者已合理地、实际地考虑了功能和布局问题，现在，要转向关注设计的整体外观效果。在方案构思草图的基础上，把方案构思图中的区域轮廓和抽象符号转变成特定的、确切的形式（图 5-5-4）。通常根据相同的基本功能区域作出一至三种不同的配置方案，每个方案又有不同的主题、特征和布置形式，设定不同的设计主题，使设计方案适应和表现所处的环境并营造富有视觉吸引力的形式。

#### 1. 方案效果图的内容

方案效果图要呈现设计方案的整体风貌，对场地中涉及的所有设计要素都要进行直观的表达。包括：

（1）用来围合空间的底界面、侧界面和顶界面造型和尺度。

（2）空间组成部分和区域所采用的材料，包括它们的色彩、肌理、质地和图案。

（3）纵向空间构成要素的质量和效果，如围墙、棚架和树群等的位置、高度和形式。

（4）室外设施如椅凳、盆景、雕塑、水景、饰石等组成部分的尺度、外观和配置。

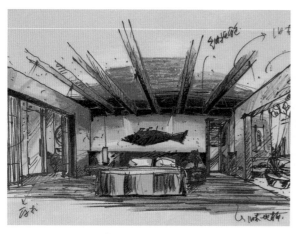

图 5-5-5　手绘效果图

图 5-5-6　电脑效果图

### 2. 方案效果图的形式

方案效果图是设计者设计意图和构思的形象化再现，深化的草图，也可以是效果图的一种形式，方案效果图可以是手绘，也可以通过一些计算机软件实现，还可以利用动画模拟虚拟现实的效果。

（1）手绘效果图（图 5-5-5）是依靠设计师的长期锻炼出来的功底通过笔画来表现出的景观视觉概况，手绘效果图需要比较扎实的绘画功底，才能够让自己的设计意图表现得栩栩如生。

（2）电脑效果图（图 5-5-6），是设计师通过一些设计常用软件，比如 sketchup、3dmax 等设计软件，配合一些制作效果软件，比如 photoshop 等来表现出设计师在设计项目实现前的一种理想状态下的效果。

效果图最基本的要求就是：应该尽可能符合事物的本身尺寸，不能为了美观而使用效果把相关模型的尺寸变动，那样的效果图不但不能起到表现设计的作用，反而成为影响设计的一个因素。

### （四）施工图

施工图即详细设计，这是图纸设计阶段最后的步骤，这一步骤要涉及各个不同设计组成部分的细节。施工图设计的目的，在于深化总平面设计（图 5-5-7），在落实设计意图和技术细节的基础上，设计绘制提供便于施工的全部施工图纸。施工图设计必须以设计任务书等为依据，符合施工技术、材料供应等实际情况。施工图、说明文字、尺寸标注等要求清晰、简明、齐全、准确。为保证设计质量，施工图纸必须经过设计、校对和审核后，方能发至施工单位，作为施工依据。施工图也是项目造价，经费预决算的依据。

康养园宅是一个全新的设计概念，其内容涵盖建筑、景观以及室内等各领域，是内外空间交织的综合体。目前施工图的具体规范根据项目实际的性质归属，参照建筑、景观以及室内设计施工图的标准执行。

## 三、现场放样和施工协调过程

### （一）现场放样

把方案落实到大地上，现场放样是不可或缺的环节。设计人员入现场，才能及时发现问题解决问题，保证设计意图贯彻始终（图5-5-7）。

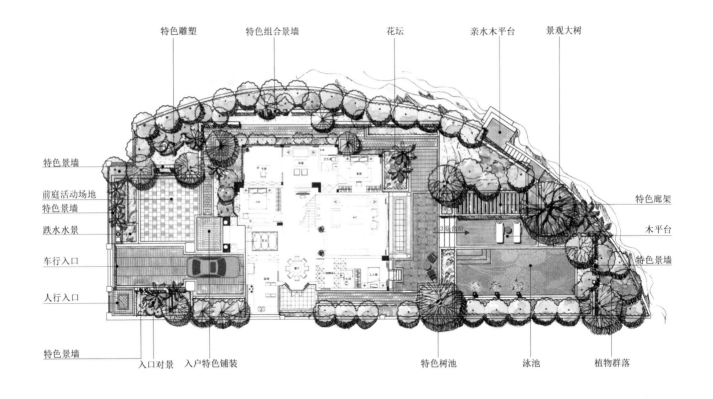

特色雕塑　特色组合景墙　花坛　亲水木平台　景观大树

特色景墙
前庭活动场地
特色景墙
跌水水景
车行入口
人行入口

特色廊架
木平台
特色景墙

特色景墙
入口对景　入户特色铺装
特色树池　泳池　植物群落

景观平面图

图 5-5-7　景观设计施工平面图例（上海予舍予筑提供）

## （二）施工协调（图 5-5-8）

设计图纸是对项目可行性的一种预判，实际结果是通过施工和竣工交付使用后的实践检验。康养园宅的施工过程中会遇到各种各样突发的、不可预见的新情况、新问题，需要设计师在现场进行及时的调整。

上述过程陈述了康养园宅的设计程序，实际上有些环节可以相互重叠，有些步骤可能同时发生，甚至有时改变或省略某个步骤是必要的，要视具体情况而定。设计程序不是公式或处方，真正优秀的设计，要通过合情处理设计中的各种因素来获得。设计程序仅仅是每一设计步骤所要进行工作的点滴，设计的成功取决于设计师坚守的信念、敏锐的直觉、正确的判断力以及长期积累的经验、知识，另外，活变合宜的执行力和良好的沟通能力尤为重要。

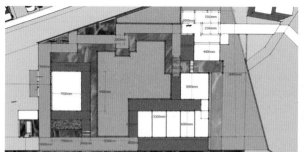

图 5-5-8　银港畜牧场地放样 & 园宅 1 号施工现场

# 后记

## "康养园宅"独特之美

"康养园宅"的基地从选址上不可能像古典私园那样到自然界里"相地得宜",去获得一大片含有丰富自然景观元素的区域,个体现代人一方面不具备这种能力,另一方面,城市土地的属性和特征也限制了康养园宅的发展空间。所以,城乡融合的康养生活方式是最为合适的途径,康养园宅的土壤在城镇及农村,这正好同频了我国的乡村振兴战略。2021年1月26日,农业农村部发布了《农村土地经营权流转管理办法》,未来,再回到乡村土地上的主人不仅仅是曾经走出去的农民,而是从城市奔向农村的大学生和富裕起来的城市人,农村将会是家园生活和健康养生的方向。

人居环境设计的源动力在于尊重生活现象的真实存在,"康养园宅"这一创新的生态住宅空间,在人与自然环境间建立长效性的亲和关系,能够充分促进城市与农村两者的互动与相互影响,城市也好,农村也好,都应该以追求美好生活为主题,以谋求幸福和与大自然和谐共生为最高追求,这才符合自然之道,才能创造高质量的人居环境和最美、最宜人的景观形象。

如同中国古典私园将大自然的道纳入园中一样,"康养园宅"则更是把古典私园的道纳入其中。如计成所说的"巧于因借,精在体宜",正是在人与自然之间取"中和之道",这种住宅形式,环境优美,宜人乐居,冬季能保持温暖,夏季保能持凉爽,充分利用纳入宅内的自然能源如太阳能、风能,减少能源的消耗,同时,又能使居住者在自信、满足的景观居住心态中更好地享受绿色,享受生活,对环境、社会和经济要素产生最小的负面影响。也正因为如此,"康养园宅"的形式从基地的地域特征、空间功能和设计取向三个方面决定了每一座康养园宅的空间形式都具有其独特性和不可复制性。

### （一）基于相地行为的地域特征

农村的广阔天地中包涵着各种各样的微地形,根据中国古典园林的布局"随形就势、因地制宜"方法,不同的基地将获得无穷无尽的康养园宅空间布局,使每一个康养园宅是独一无二、不可替代的。

### （二）业主生活态的功能独特性

古语讲:"家和万事兴",这个"家",从空间上理解,指的就是"居住空间"。居住空间解决的是在一定空间范围内,如何使人居住、使用起来方便、舒适的问题。"康养园宅"空间不大,涉及的内容却很多,包括心理、行为、功能、空间界面、采光、照明、通风以及人体工程学等，而且每一个问题都和人的日常起居关系密切，并将直接影响到日后的生活。一方面空间要充分满足提供生活内容必须的物品陈放和收纳，另一方面更要为居住者的日常生活、工作、学习和交流提供必需的活动空间，运用空间构成、透视、错觉、光影、反射、色彩等原理和物质手段，将康养居住空间进行重新划分和组合，并通过室内各种物质构件的组织变化、层次变化，满足人们的各种实用性的需要，达到适用性目的。每一个家都有自己的故事，同样的基地条件，不同的功能空间需求，必然产生不同样的空间。

### （三）个体素质决定的设计取向

除了地形特征、功能需求的影响之外，业主的人文情怀和设计师的专业素质也会使康养园宅产生不同的空间形式。自然美是"康养园宅"空间艺术性的体现，它体现着主人独特审美情趣的和个性，不是要简单地模仿大自然原始的形式表象，而要根据自家康养居室的大小、空间、环境、功能，以及家庭成员的性格、修养等诸多因素来考虑，在坚持自然审美观的前提下，通过对每个空间顶界面、底界面、侧界面的处理，将对自然美的追求体现出来。打造出全新的，拥有合宜尺度和自然美意味的住宅。

空间，容纳生活，居住空间形式是人生存意识的最佳体现。"康养园宅"核心理念是纳"园"入"宅"，就是把古典园林的审美之道纳入其中。在城市化发展、乡村振兴、城乡融合的趋势下，"康养园宅"可以为人们提供一种舒适、养生、健康生活空间。它作为城乡桥接的美学载体，更需要我们不断深入地探索研究，在理解其概念理论、美学价值的基础上，为传承我国传统的古典园林文化、推动新时代中国城乡关系构建、拓展美学研究领域添砖加瓦。

让我们发现自然独特的美，选择这样一种以自然为审美的生活方式，把园宅的概念带入康养的家，千家万户·纳园入宅，使"康养园宅"真正能够成为"中国古典私园的当代表象"

"时间，是空间的边界"，今年是 2022 年，离 2014 年出版的《园宅》一书又过去了八年。在《康养园宅》编辑过程中得到我的家人、导师、朋友和学生们的大力支持、鼓励与配合，才使本书得以成形、出版。为了形象地表达文字所描述的内容，书中引用了大量配图，这些图的构成：一部分是长期教学、实践积累的作品；另一部分是感谢朋友们（周洪涛、李志强、严军、哈艺、曹洪涛、何奕等）的鼎力支持；还有一部分是通过朋友圈分享和网络收集的比较符合文章内容的图片，有些未能准确标明出处，如有异议还望海涵。

编撰过程中，我的研究生团队替我分担了许多繁缛的工作，特别要感谢梁杰、马宇骁的积极配合。还有我工作了二十八年的湖北工业大学艺术设计学院，是学校给了我长期教学实践的时间和空间，也以此书作为湖北工业大学建校 70 周年的献礼。

本书只是提出了"康养园宅"这一新型景观居住产品的概念，围绕这个概念的方方面面还有许多课题有待深入探讨和实践，希望此书的出版能够抛砖引玉，使更多具有中国特色、中国风格、中国气派的"康养园宅"走向世界。

于武昌南湖·意研堂

2022 年 8 月 8 日